SHUKONG XIXIAO JIAGONG JISHU

中等职业教育工作手册式教材

数控铣削加工技术

主　编　马红军　于立辉
副主编　王喜川　张利梅
编　委　于晓昂　康　健　汪洪宇
　　　　郭聿荃　石　禹

东北大学出版社
·沈　阳·

图书在版编目（CIP）数据

数控铣削加工技术 / 马红军，于立辉主编. — 沈阳 ：东北大学出版社，2021. 12

ISBN 978-7-5517-2899-7

Ⅰ. ①数… Ⅱ. ①马… ②于… Ⅲ. ①数控机床—铣削 Ⅳ. ①TG547

中国版本图书馆 CIP 数据核字（2021）第 263525 号

内容简介

本书是根据“1+X”数控车铣加工职业技能等级证书中级标准的技能要求，以实际训练为主要教学形式编写的数控铣工加工技术教材。本书从数控铣床加工的数控机床操作、数控编程等岗位出发，将数控加工的基础理论知识、数控铣削工艺、数控编程与机床操作有机结合，选取企业典型案例和素材，力求把传授知识和培养技能有机地结合起来，使学生更好地掌握中级数控铣削加工技能。

本书可作为中职学生数控应用技术专业的中级数控铣削培训教材，也可作为从事数控铣床工作相关人员的实训参考书。

出 版 者：东北大学出版社
地址：沈阳市和平区文化路三号巷 11 号
邮编：110819
电话：024-83687331(市场部)　83680267(社务部)
传真：024-83680180(市场部)　83680265(社务部)
网址：http://www.neupress.com
E-mail：neuph@neupress.com
印 刷 者：辽宁新华印务有限公司
发 行 者：东北大学出版社
幅面尺寸：185 mm×260 mm
印　　张：9.5
字　　数：220 千字
出版时间：2021 年 12 月第 1 版
印刷时间：2021 年 12 月第 1 次印刷
策划编辑：牛连功
责任编辑：周　朦
责任校对：王　旭
封面设计：潘正一

ISBN 978-7-5517-2899-7　　定　价：30.00 元

前　言

本书是面向汽车、轨道客车等装备制造行业，为从事数控铣床操作、编程、工艺等工作岗位人员提供入门指导而编写的教材。

经过几十年的快速发展，我国已经形成较为成熟完备的装备制造业体系，为各行业生产建设装备提供了有力支撑。装备制造业具有技术密集、附加值高、成长空间大、带动作用强等特点，是衡量一个国家制造业发展水平和整体经济综合竞争实力的重要标志。加快产业转型升级和催生装备制造行业新业态，将人才培养与产业链需求深度融合，振兴和发展装备制造业，等等，都离不开对高端技术人才的培养。

东北三省是“新中国工业的摇篮”和我国重要的工业基地，拥有一批关系国民经济命脉和国家安全的战略性产业。随着新一轮东北老工业基地振兴战略的深入实施，吉林省积极推动汽车和轨道客车两大支柱产业优化升级，这一过程对复合型、高素质技术技能人才的需求尤为迫切。为贯彻习近平总书记提出的“加快构建现代职业教育体系，培养更多高素质技术技能人才、能工巧匠、大国工匠”这一重要战略思想，助力东北振兴，服务企业生产，我们组织多年在加工制造生产和教学第一线，具有扎实专业基础、理论知识与丰富实践经验的专业教师，为想要从事数控相关方面工作的从业者编写了《数控铣削加工技术》一书。

本书以华中 HNC-818B 系统的数控铣床为例，从数控铣床操作、数控编程等岗位出发，将数控加工的基础理论知识、数控铣削工艺、数控编程与机床操作有机结合，为了便于教学，工作活页部分采用项目化教学方式。在内容选取上，避免了传统培训教材中理论内容偏深、偏难、偏多、抽象的问题，采取循序渐进的原则，把传授知识和培养技能有机地结合起来，突出实际操作的特点，既帮助学生掌握生产加工岗位中的技能点，又可应对“1+X”数控车铣加工中级职业技能等级证书考试。

本书分为工作手册和工作活页两部分内容。工作手册部分共分为六个单元，主要介绍数控铣削常用刀具、机床的基本操作，以及从相关知识、工艺分析、加工参数、编程要点、操作技能等几个方面介绍手工编程和自动编程，并且编程的步骤清晰明了，使学生对每个实例操作的全过程一目了然。为了便于教学，工作活页部分采用项目化教学方式，选取企业典型案例和素材，按照由简到难的顺序设计了四个项目（共十八个任务），在每个项目结构上，从学生基础能力出发，通过学习目标、任务书、任务分析与讨论、分组实施、任务检查与记录、任务评价等形式，引导学生明确各任务的学习目标，学习与任务相关的知识与技能，并强调在操作过程中应注意的问题。

本书由马红军、于立辉担任主编，王喜川、张利梅担任副主编，于晓昂、康健、汪洪宇、郭聿荃、石禹担任编委。本书具体内容编写分工如下：工作手册部分的单元一由王喜川编写，单元二由于晓昂、汪洪宇编写，单元三由康健编写，单元四由郭聿荃编写，单元五由石禹编写，单元六由张利梅编写；工作活页部分的项目一、项目二由马红军编写，项目三、项目四由于立辉编写。本书由马红军负责统稿。

由于编者水平有限，加之编写时间仓促，本书中难免存在错误或疏漏之处，敬请读者批评、指正。

编　者

2021 年 8 月

目录

第一部分　工作手册

第二部分　工作活页

第一部分
工 作 手 册

单元一

数控铣床简介

一、数控铣床的组成

数控铣床各组成部分及作用如下。

(1) 主轴箱：用于布置机床工作主轴及其传动零件和相应的附加机构。

(2) 主轴：指机床上带动工件或刀具旋转的轴。

(3) 控制面板：指人员与数控机床(系统)进行交互的工具。操作人员可以通过它对数控机床(系统)进行操作、编程、调试，对机床参数进行设定和修改；还可以通过它了解、查询数控机床(系统)的运行状态。

(4) 床身：起支撑作用。

(5) 冷却液箱：存放冷却液，机床运行时，可通过冷却系统对工件或机床主轴进行冷却。

(6) 工作台：承载加工的零件或夹具，上面有孔和 T 形槽，用来固定工件和清理加工时产生的铁屑。

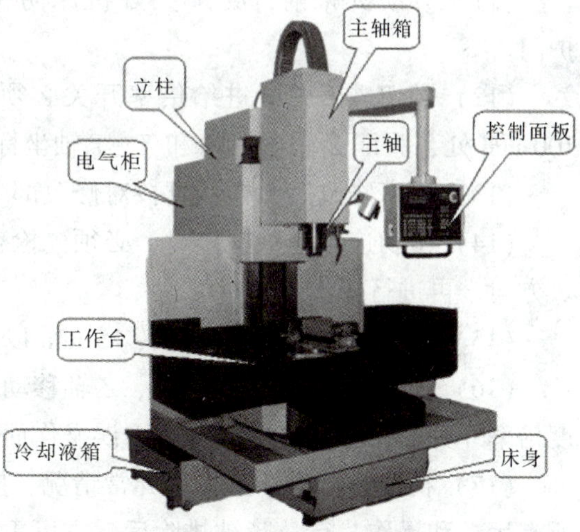

图 1-1-1　数控铣床示意图

(7) 电气柜：安装机床强电控制的各种电气元件。

(8) 立柱：对主轴箱起支撑作用，满足主轴的 Z 向运动。

数控铣床示意图如图 1-1-1 所示。

二、数控铣床的加工范围

数控铣床主要加工平面轮廓零件、变斜角类零件、空间曲面轮廓零件、孔和螺纹等。

三、数控铣工实训安全操作规程

（1）进入数控铣床实训场地后，应服从安排，不得擅自启动或操作机床。并严格按照操作手册的要求进行操作，尽量避免因操作不当而引起故障。

（2）操作机床时，操作者应穿戴好劳动保护用品，不准穿高跟鞋、拖鞋上岗，不允许戴手套和围巾进行操作。

（3）切勿不经意地碰触任何按钮。切勿以潮湿的手接触电子开关，以免遭受电击。

（4）按照顺序开机、关机，先开机床再开数控系统，先关数控系统再关机床。

（5）开机后进行返回参考点的操作，以建立机床坐标系。手动操作沿 X，Y 轴方向移动工作台时，必须使 Z 轴处于安全高度位置，移动时注意观察刀具移动是否正常。

（6）正确对刀，确定工件坐标系，并核对数据。

（7）程序输入后，应认真核对，其中包括对代码、指令、地址、数值、正负号、小数点及语法的查对，保证准确无误。

（8）程序调试好后，在正式切削加工前，再检查一次程序、刀具、夹具、工件、参数等是否正确。

（9）刀具补偿值输入后，要对刀补号、补偿值、正负号、小数点进行认真核对。

（10）按照工艺规程和程序要求装夹、使用刀具。执行正式加工前，应仔细核对输入的程序和参数，并进行程序试运行，防止加工中刀具与工件碰撞而损坏机床和刀具。

（11）开动机床前，必须关好机床防护门；在加工过程中，不允许打开机床防护门。

（12）试切进刀时，进给倍率开关必须打到低挡，并在单段模式下运行至距工件 100 mm 处，验证 Z 轴坐标值和 X，Y 轴坐标值与加工程序数据是否一致。

（13）程序修改后，要认真核对修改部分。

（14）手动连续进给操作时，必须先检查各种开关所选择的位置是否正确，确定正负方向，再进行操作。

（15）开机后，让机床空运转 15 min 以上，以使机床达到热平衡状态。

（16）加工完毕后，将 X，Y，Z 轴移动到行程的中间位置，并将主轴速度和进给速度倍率开关都拨至低挡位，防止因误操作而使机床产生错误的动作。

（17）机床运行中一旦发现异常情况，应立即按下红色的“急停”按钮，终止机床所有运动和操作。待故障被排除后，方可重新操作机床及执行程序。

（18）卸刀时，应先用手握住刀柄，再按换刀开关；装刀时，应在确认刀柄完全到位装紧后再松手，换刀过程中禁止运转主轴。

（19）出现机床报警时，应根据报警号查明原因，及时排除故障。

（20）未经教师允许不准将 U 盘、硬盘、光盘等插到与数控机床联网的计算机内，不准修改或删除计算机内的程序。

（21）加工完毕，清理现场，清扫数控机床上的铁屑，擦干净导轨面，上油防锈，并把工、刀、量具放回原位。

四、数控铣床的保养

视频：数控铣床的保养

1. 数控铣床的日常检查要点

（1）从工作台、基座等处清理污物和灰尘，除去机床表面的机油、冷却液和切屑。

（2）清除没有罩盖的滑动表面上的一切东西。

（3）擦净丝杠的暴露部位，并用轻油或其他同类油冲洗这些部位。

（4）清理风箱式护罩。

（5）清理、检查所有限位开关、接近开关及其周围表面。

（6）检查各润滑油箱及主轴润滑油箱的油面，使其保持在合适的油面位置。

（7）确保空气滤杯内的水完全排除。

（8）检查液压泵的压力是否足够。

（9）检查机床液压系统是否漏油。

（10）检查冷却液软管及液面，清理管内及冷却渣槽内的切屑等污物。

（11）确保操作面板上所有指示灯为正常显示。

（12）检查各坐标轴是否处于原点。

（13）检查主轴端面、刀夹具及其他配件是否有毛刺、破裂或损坏现象。

2. 数控铣床的月检查要点

（1）清理电气控制箱内部，使其保持干净。

（2）校准工作台及床身基准的水平状态，必要时调整垫铁，拧紧螺母。

（3）清洗空气滤网，必要时予以更换。

（4）检查液压装置管路及接头，确保无松动、磨损现象。

（5）清理导轨滑动面上的刮垢板。

（6）检查各电磁阀、行程开关、接近开关，确保它们能正常工作。

（7）检查液压箱内的油滤网，必要时予以清洗。

（8）检查各电缆的接线端子是否接触良好。

（9）确保各连锁装置、时间继电器等能正常工作。

（10）确保数控装置能正常工作。

3. 数控铣床的半年检查要点

（1）清理电气控制箱内部，使其保持干净。

（2）更换液压装置内的液压油及润滑装置内的润滑油，清洗油滤网及油箱内部。

（3）检查各电机轴承是否有噪声，必要时予以更换。

（4）检查数控 CNC 加工中心机床的各有关精度。

（5）直观检查所有电气部件及继电器是否可靠工作。

（6）测量各进给坐标轴的反向间隙，必要时予以调整或进行补偿。

（7）检查各伺服电机的电刷及换向器的表面，必要时予以修整或更换。

（8）检查一个试验程序的完整运转情况。

单元二

数控铣床常用夹具

一、数控铣床常用夹具

1. 平口钳

平口钳是用于铣床、钻床、磨床和夹持工件的机床附件。它以钳口宽度来表示，一般分为100，125，150，180，210 mm。平口钳示意图如图1-2-1所示。

视频：平口钳

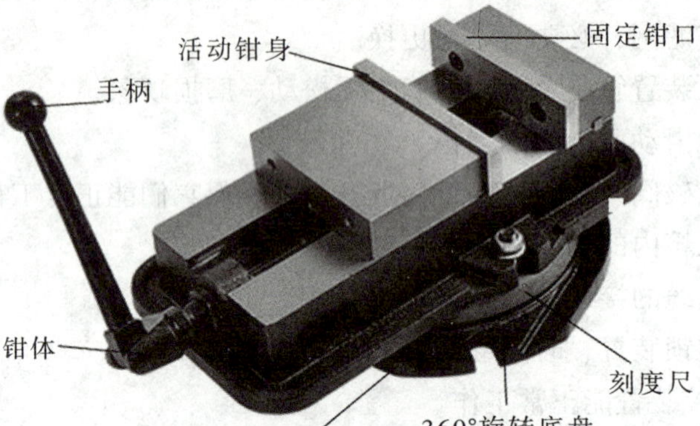

图1-2-1　平口钳示意图

2. 压板

压板通常用来固定工件，是机械行业中比较常用的夹具。压板由带垫螺帽、模具压板、T形螺丝、外六角螺丝和尾部螺纹孔组成。其中，带垫螺帽用于配合螺丝紧固；模具压板用于压住或固定工件；T形螺丝（头部按照实际需求尺寸卡进T形槽后）是配合带垫螺帽安装工件时标

视频：压板

准配套的连接配件；外六角螺丝用于调节高度，以保证模具压板压住工件。压板示意图如图 1-2-2 所示。

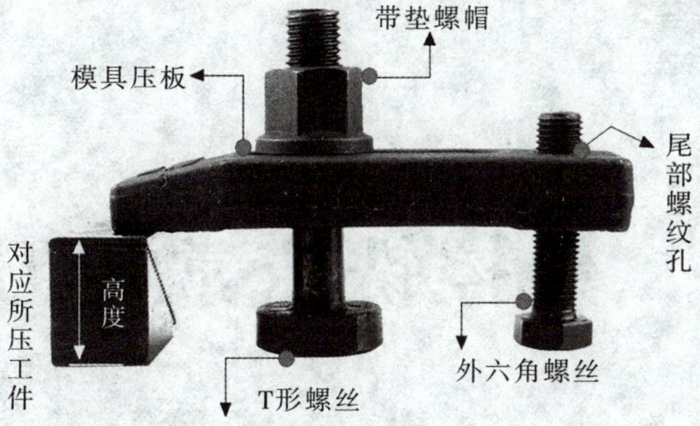

图 1-2-2　压板示意图

3. 三爪卡盘

三爪卡盘是指利用均布在卡盘体上的三个活动卡爪的径向移动把工件夹紧和定位的机床附件。三爪卡盘示意图如图 1-2-3 所示。

视频：三爪卡盘

图 1-2-3　三爪卡盘示意图

单元三

数控铣床常用刀具及刀柄

知识一　数控铣床常用刀具

数控铣床常用刀具见表 1-3-1。

表 1-3-1　数控铣床常用刀具

刀具类型		示意图	功能
整体式加工刀具	麻花钻头	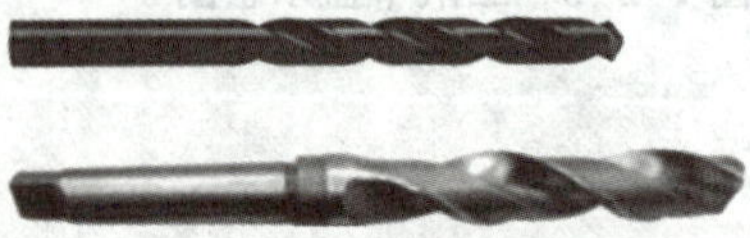	它应用于表面粗糙度（*Ra*）在 12.5~50.0 μm 零件上孔的加工。其尺寸精度只能达到 IT11~IT10，一般直径小于 13 mm 的钻头做成直柄，13 mm 以上的钻头做成锥柄
	中心钻	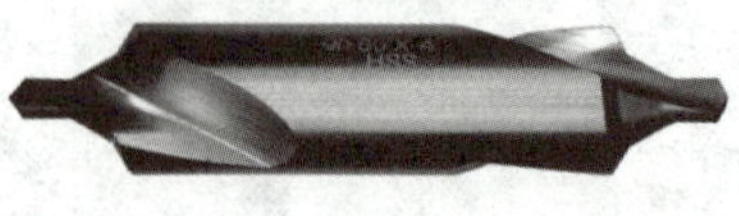	它可用于钻中心孔，在工厂中称为打点。这是钻孔的第一步工序，可以保证钻头钻孔时孔的位置精度
	螺纹铣刀	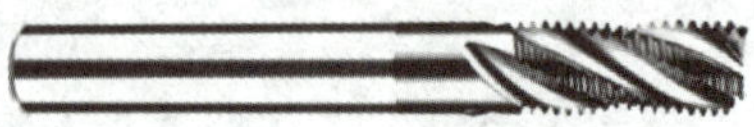	它适用于钢、铸铁和非铁金属材料的中小直径螺纹铣削，切削平稳，耐用度高

表 1-3-1（续）

刀具类型		示意图	功能
整体式加工刀具	铰刀	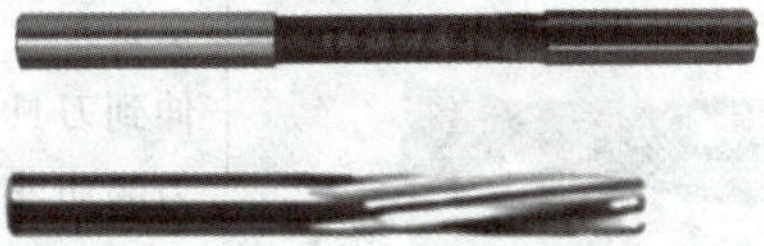	它是用于切除已加工孔表面薄层金属的旋转刀具，具有直刃或螺旋刃，属于旋转精加工刀具，常用于扩孔或修孔。其尺寸精度可达 IT9～IT7，表面粗糙度可达 0.4～1.6 μm。铰孔余量的大小直接影响铰孔的质量：余量太大，会使孔的精度降低，表面粗糙度增大；余量太小，上道工序所残留的加工痕迹不能全部铰去。一般情况下，孔径小于 6 mm 的铰孔，余量为 0.1 mm；孔径为6～18 mm 的铰孔，余量为 0.10～0.15 mm
	丝锥		它可用于加工内螺纹，攻螺纹前需进行预钻螺纹底孔。加工普通螺纹底孔的钻头直径计算公式如下。 钢料和塑性大的材料：$D=d-P$； 铸铁和塑性小的材料：$D=d-(1.05\sim1.10)P$。 上式中，D——钻头直径； d——螺纹公称直径； P——螺距，mm
	倒角刀	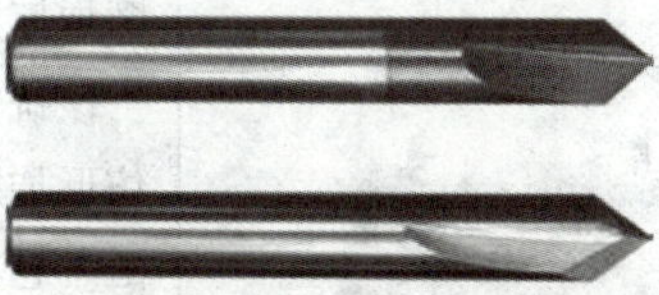	它可用于加工锥孔、轮廓倒角，也可用于打点
	锪钻	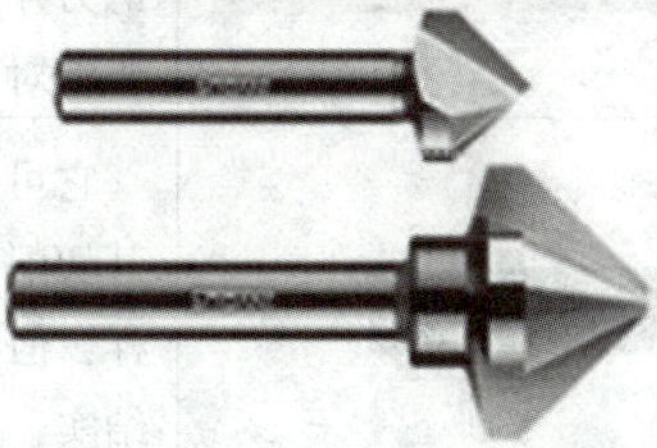	它可对孔的端面进行平面、柱面、锥面及其他型面加工。在已加工出的孔上加工圆柱形沉头孔、锥形沉头孔和端面凸台时，都使用锪钻

表 1-3-1（续）

刀具类型		示意图	功能
整体式加工刀具	球头铣刀		它可用于加工曲面，且常采用三轴联动形式加工曲面。球头铣刀直径、行切步距直接影响工件表面粗糙度，使用中需要合理选择行切步距
	键槽铣刀		它有 2 个刀齿，端面切削刃延伸到刀具中心，兼有钻头和立铣刀的功能，可垂直在工件表面下刀。常用来铣削键槽
	立铣刀		它是数控铣床上使用得最多的一种铣刀。其圆柱表面上是主切削刃，端面上是副切削刃，中心处无刃，一般不垂直工件表面进刀，常采用斜线进刀
可转位切削加工刀具	面铣刀		其主切削刃分布在圆柱或圆锥表面上，端面切削刃为副切削刃，轴线垂直于被加工表面。面铣刀主要用在立式铣床或卧式铣床上加工台阶面和平面，特别适合较大平面的加工
	方肩立铣刀		它可用于粗加工和半粗加工，加工中不能垂直工件表面进刀，切削深度受刀片尺寸和机床功率限制。它适用于批量生产，刀片磨损后可进行更换，节省成本
	环形铣刀	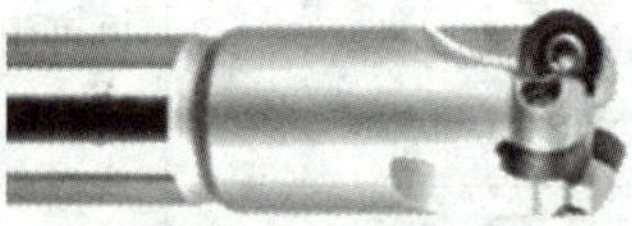	该铣刀又称牛鼻子刀，适用于仿形加工，在模具生产中应用广泛。它在 Z 向精对刀时，需要考虑刀片的一致性，每个刀片都需要校对
	螺纹梳刀		它可用于内、外螺纹的加工。其切削部分和丝锥及圆板牙的一样，但因为它比丝锥和圆板牙更结实，所以其牙数会稍少一些

知识二　数控铣床常用刀柄

数控铣床常用刀柄见表 1-3-2。

表 1-3-2　数控铣床常用刀柄

刀柄类型	示意图	功能
面铣刀刀柄	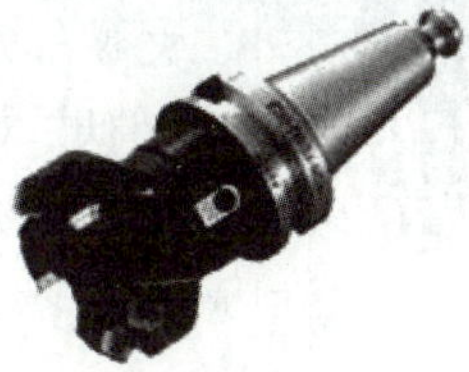	该刀柄与面铣刀配合使用，用于加工工件表面
整体钻夹头刀柄/直柄钻头刀柄（整体式）		该刀柄用于装夹直径在 13 mm 以下的直柄麻花钻、中心钻等 视频：整体钻夹头刀柄
镗刀柄	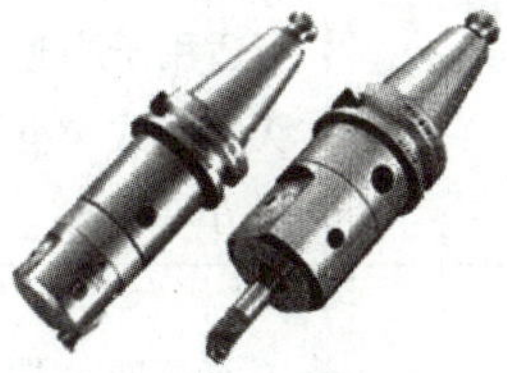	该刀柄用于各种尺寸孔的镗削加工，有单刃、双刃及重切削等类型。镗刀刀柄在孔加工刀具中占有较大比重，是孔精加工的主要手段，其性能要求也很高 视频：镗刀柄
莫式锥度刀柄		该刀柄一般用于台钻、摇臂钻和车床尾座、铣刀装卡等
分体式钻夹头刀柄		该刀柄用于装夹直径在 13 mm 以下的中心钻、直柄麻花钻等

表 1-3-2（续）

刀柄类型	示意图	功能
快换式丝锥刀柄		该刀柄用于固定丝锥和螺纹成型器
ER 弹簧夹头刀柄	 	该刀柄采用 ER 型夹套。该夹套锥度较大，夹套长度较短，夹持力较小，夹头与刀具的配合精度稍低，对加工精度有一定的影响。所以，对于高速加工，不推荐使用 ER 弹簧夹头刀柄 视频：ER 弹簧夹头刀柄
侧固式立铣刀柄/圆柱铣刀刀柄		该刀柄用于装夹柄被削平的刀具，采用侧向夹紧，适用于切削力大的加工。但一种尺寸的刀具对应配备一种刀柄，所以规格较多。该刀柄不适用于高速切削。在使用中，必须确认侧固式螺丝的位置，对好刀具的平面位方可锁紧 视频：侧压式立铣刀柄
强力夹头刀柄	 	该刀柄是切削加工中常用的刀柄，用于铣刀、铰刀等直柄刀具的夹紧。其卡簧夹紧变形小，所夹持的刀具柄径公差为 h6。其夹紧力比较大，夹紧精度比较好，适用于传统铣床，作重切削、精密切削使用。强力夹头刀柄采用 C 型夹套，可以提供较大的夹紧力，适合于强力铣削

单元四

数控铣床的操作

知识一　数控铣床面板介绍

数控铣床面板示意图如图 1-4-1 所示，其各组成部分及作用如下。

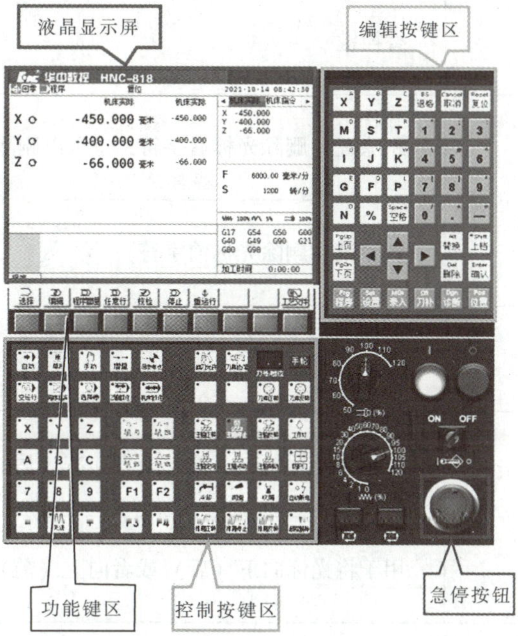

图 1-4-1　数控铣床面板示意图

(1) 液晶显示屏：显示程序的运行状态、坐标、刀具补偿等人机交互界面。

(2) 编辑按键区：编辑、修改程序。

(3) 功能键区：根据所选编辑功能进行按键。

(4) 控制按键区：控制机床运动、冷却液开关等功能。

(5) 急停按钮：当发生紧急情况时，可以通过快速点按此按钮来达到保护的目的。

华中 HNC-818B 系统面板编辑按键区常用按键及功能如表 1-4-1 所列。

表 1-4-1　华中 HNC-818B 系统面板编辑按键区常用按键及功能

按键图标	功能
1 " 　X A	地址和数字键与“上档”键配合使用（点按这些键可以输入字母、数字或者其他字符）
Reset 复位	复位键，具有暂停、消除报警、系统复位重置等功能
Cancel 取消	取消键
Shift 上档	切换键
Enter 确认	输入键（回车键）
Alt 替换	替换键
Del 删除	删除键（删除光标后字符，也可以删除整个程序）
BS 退格	删除键（删除光标前字符）
PgDn 下页　OSD Menu PgUp 上页	翻页键
◀　▶	用于将光标向左（前）或者向右（后）移动
▲　▼	用于将光标向下（后）或者向上（前）移动

表 1-4-1（续）

按键图标	功能
	进入程序编辑界面，进行包括 G 代码编辑、程序运行控制、程序断点运行操作、DNC 文件传输及磁盘格式化等操作
	可进行包括 G54～G59 坐标系设定、浮动零点设置、PLC 和系统更新等操作
	可进行手动指令的输入和运行
	可进行包括刀具偏置值的设置、刀具补偿值的设置、磨损补偿值的设置等操作
	可查看系统的工作状态、报警信息，诊断故障原因
	可通过多种方式查看机床的运行状态

华中 HNC-818B 系统面板控制按键区常用按键及功能如表 1-4-2 所列。

表 1-4-2 华中 HNC-818B 系统面板控制按键区常用按键及功能

按键图标	功能
	圆形急停：用于锁住机床，点按此键时，机床立即停止运动。 循环启动/保持进给：在自动或 MDI 运行方式下，用来启动或暂停程序
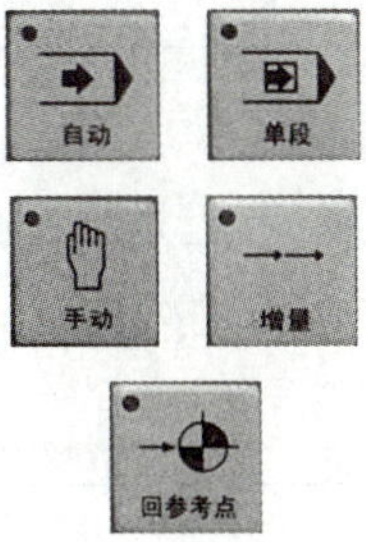	自动：点按此键进入自动运行方式状态。 单段：点按此键进入单段自动运行方式状态。 手动：点按此键进入手动运行方式状态。 增量：点按此键进入增量运行方式状态，与手柄配合使用。 回参考点：点按此键进入返回机床参考点运行方式状态。 依次点击“Z”和“+”、“X”和“+”、“Y”和“+”，各轴指示灯亮，回零完成
	主轴停止：点按此键主轴停。 主轴反转：点按此键启动反转。 主轴正转：点按此键启动正转

表 1-4-2（续）

按键图标	功能
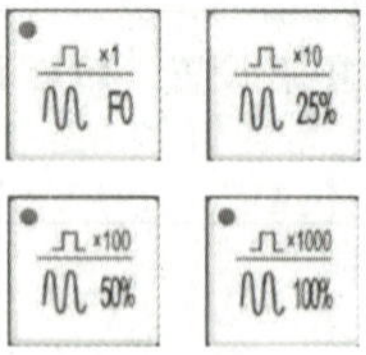	倍率开关（在增量方式下运行，用来选择增量进给的增量值）： ①“×1”为 0.001 mm（“×1”倍率灯亮，手轮每转动一个小格为 0.001 mm）； ②“×10”为 0.01 mm（“×10”倍率灯亮，手轮每转动一个小格为 0.01 mm）； ③“×100”为 0.1 mm（“×100”倍率灯亮，手轮每转动一个小格为 0.1 mm）； ④“×1000”为 1 mm（“×1000”倍率灯亮，手轮每转动一个小格为 1 mm）
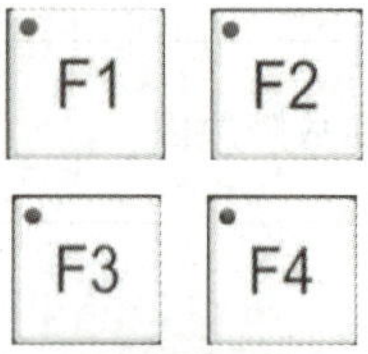	机床备用件，功能待开发
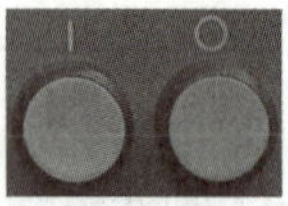	机床上电/关机
	主轴修调：用于修调手动转速或程序中编制的主轴转速，每旋转一次开关，主轴修调倍率递增或减少 10%
	进给修调：在自动或 MDI 运行方式下，按“进给修调”可修调程序中的进给速度；按“100%”键，进给修调倍率被置为 100%，每旋转一次开关，修调程序中的进给速度增或减 10%
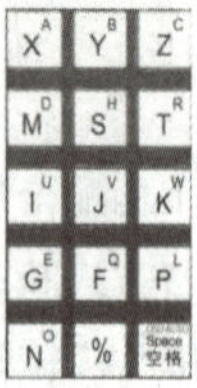	进给轴和方向选择开关：在手动连续进给、增量进给和返回机床参考点运行方式下，用来选择机床欲移动的轴和方向。
	超程解除：当机床运动到达行程极限时，会出现超程，同时机床紧急停止。要退出超程状态，可长按此键（指示灯亮），再长按与刚才相反方向的坐标轴键，直至退出超程为止

表 1-4-2（续）

按键图标	功能
	空运行：在自动运行方式下，点按此键（指示灯亮），则忽略程序中编制的进给速度，坐标轴以 G00 速度移动
	Z 轴锁住/机床锁住：用来禁止机床坐标轴移动。显示屏上的坐标数值仍会发生变化，但机床停止不动
	冷却：点按此键时，切削液打开；再次点按此键，切削液关闭
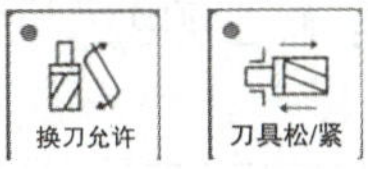	在手动运行方式下，点按“换刀允许”键，指示灯亮，此时允许刀具松/紧操作；再点按此键，又为不允许刀具松/紧操作，指示灯灭。在“换刀允许”键有效时，指示灯亮，再点按“刀具松/紧”键，可松开刀具或夹紧刀具
	自动断电灯亮，程序运行结束，系统断电
	“吹屑”键灯亮，主轴侧吹屑管开始吹气，主要用于吹走加工中产生的铁屑和加工工件的冷却
	给机床导轨润滑
	将机床内的切铁屑排到机床外的屑车内
	开机床内的照明灯
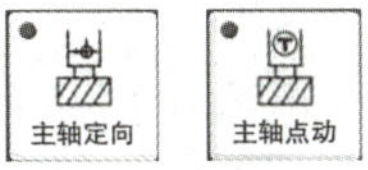	主轴定向：手动运行方式下点按“主轴定向”键（指示灯亮），主轴定向功能开启。当程序运行精镗孔指令 G76 退刀时，为了避免刀尖划伤已加工表面，使刀尖停在一个固定的位置上（*X* 轴或 *Y* 轴），以便主轴偏移一定尺寸后，使刀尖离开工件表面进行退刀。 主轴点动：点按“主轴点动”键，主轴将产生正向连续转动；松开“主轴点动”键，主轴即减速停止
	“选择停”键与 M01 指令配合使用，“选择停”键灯亮，M01 指令有效，当机床运行的程序出现 M01 时，机床停止运行。 如果程序中使用了跳段符号“/”，当点按“程序跳段”键后，程序运行到有该符号标定的程序段，即跳过不执行该段程序；解除该键，则程序跳段功能无效

华中 HNC-818B 系统功能键区的应用如表 1-4-3 所列。

表 1-4-3　华中 HNC-818B 系统功能键区的应用

示例	步骤
新建程序“o1234”	编辑→新建→输入“o1234”→按“回车”键→进入编辑区编写程序→保存
查找程序“×××”	程序→程序管理→查找→光标向左移动至文件所存盘符→按“回车”键→将光标移动至程序名称区→输入程序名→按“回车”键
程序校验	选择程序→校验→位置→图形→图形设置（可选 1：XYZ 视图，2：XY 视图，3：YZ 视图，4：XZ 视图，5：联合视图）→自动→循环启动
MDI 设置机床转速	MDI→输入“M03 S1000”→按“输入”键→自动→循环启动
任意行运行程序	任意行→指定行号→输入对应行号（如“100”）→按“回车”键→自动→循环启动

知识二　开、关机步骤

数控铣床开、关机步骤如下。

（1）开机：机床上电→系统上电→旋开“急停”键→按“复位”键→机床回零。

（2）关机：按“急停”键→系统断电→机床断电。

知识三　加工坐标系的建立

一、试切对刀示例

在图 1-4-2 所示位置（即工件几何中心）建立加工坐标系。试切对刀步骤如下。

视频：试切对刀示例

图 1-4-2　建立加工坐标系示意图（一）

（1）启动主轴。点击编辑按键区的“MDI”键，键入“M03 S1000”，点击“输入”键，点击“自动”键，点击“循环启动”键。

（2）点击控制按键区的“增量”键，选择手摇脉冲发生器，将倍率开关调整到“×100”，坐标轴旋钮调整到 X 轴。

（3）转动手轮，使刀具移动至工件 X 向的侧面，当刀具与工件距离较近时，将手轮上倍率开关调整到“×10”，继续转动手轮；当刀具侧面与工件侧面接触位置有金属切屑散落时，停止转动手轮，如图 1-4-3 所示。

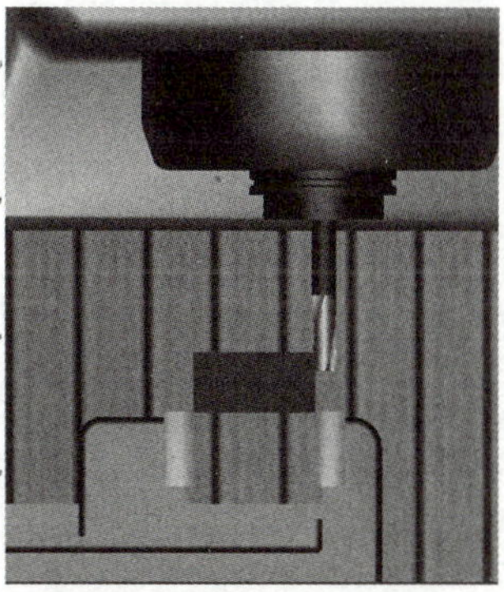

图 1-4-3　刀具侧面与工件 X 向侧面接触

（4）点击编辑按键区的“设置”键，点击该区的方向箭头（图 1-4-4），将光标向右移动至 G54 区域（如图 1-4-5 所示），然后点击功能键区的“工件测量”，并选择“中心测量”（如图 1-4-6）。然后点击功能键区的“读测量值”键，如图 1-4-7 所示。

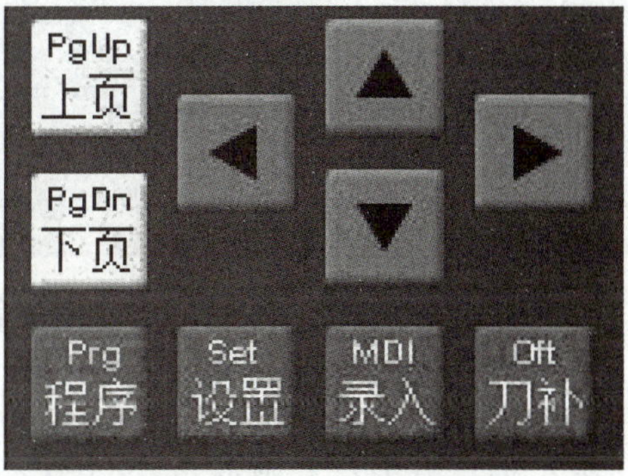

图 1-4-4　方向箭头

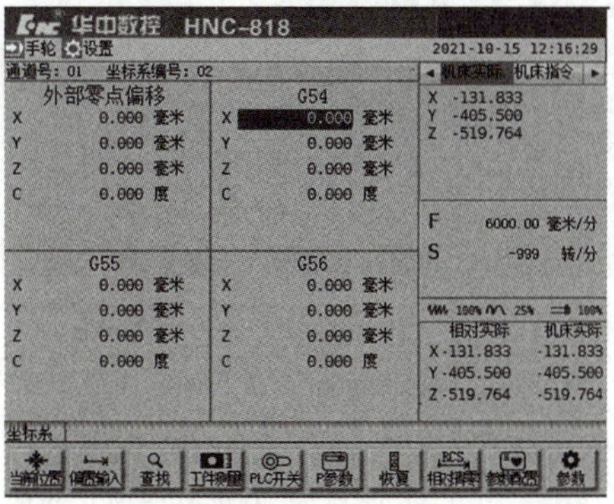

图 1-4-5　光标向右移动至 G54 区域

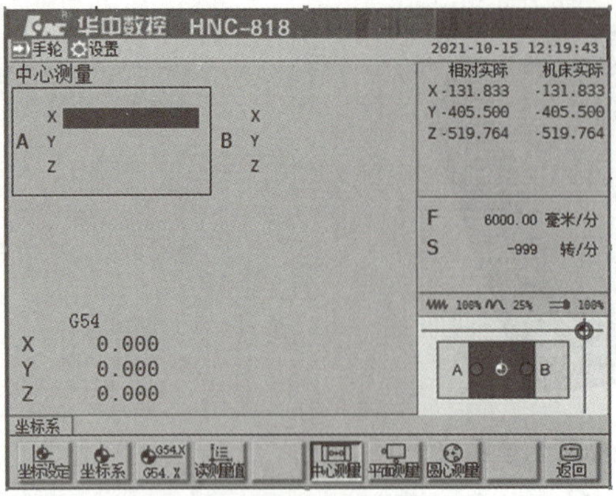

图 1-4-6　选择“中心测量”

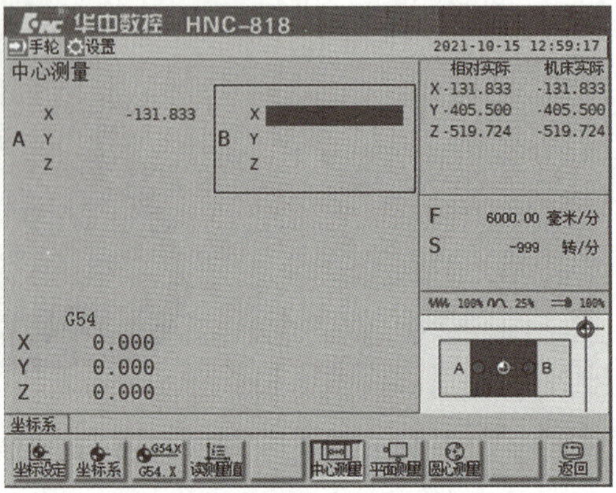

图 1-4-7　点击“读测量值”键

（5）将手摇脉冲发生器的坐标轴旋钮调整到 Z 轴，倍率开关调整到“×100”，转动手轮，向上抬起机床主轴，将刀具移动到工件 X 向的另一侧。

（6）当刀具与工件 X 向另一侧面距离较近时，将手轮上倍率开关调整到“×10”，继续转动手轮；当刀具与工件侧面接触位置有金属切屑散落时，停止转动手轮，如图 1-4-8 所示。然后点击功能键区的“读测量值”键，再点击“坐标设定”，如图 1-4-9 所示。

（7）将蓝色光标下移至 Y 轴，将刀具移动到 Y 轴的一侧（如图 1-4-10 所示）。当刀具与工件距离较近时，将手轮上倍率开关调整到“×10”，继续转动手轮；当刀具侧面与工件侧面接触位置有金属切屑散落时，停止转动手轮。然后点击功能键区的“读测量值”键。

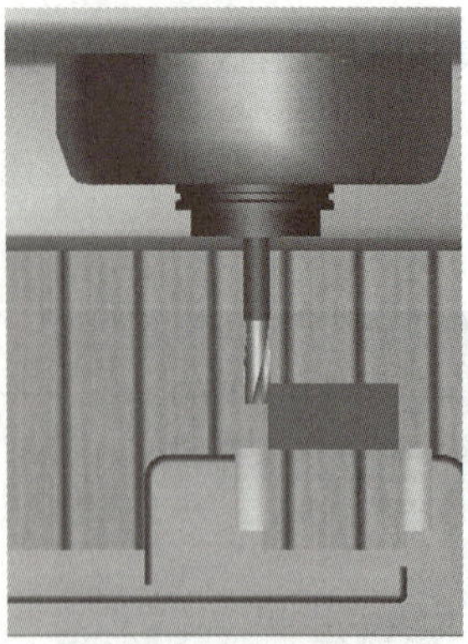

图 1-4-8　刀具与工件 X 向另一侧面接触

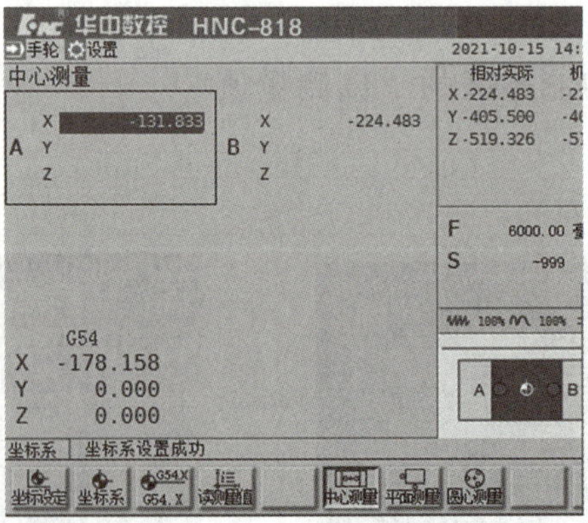

图 1-4-9　“坐标设定”界面（一）

图 1-4-10　刀具移动到 Y 轴的一侧

（8）将手摇脉冲发生器的坐标轴旋钮调整到 Z 轴，倍率开关调整到“×100”，转动手轮，向上抬起机床主轴，将刀具移动到工件 Y 向的另一侧。

（9）当刀具与工件 Y 向另一侧面距离较近时，将手轮上倍率开关调整到“×10”，继续转动手轮；当刀具侧面与工件侧面接触位置有金属切屑散落时，如图 1-4-11 所示，停止转动手轮。点击功能键区的“读测量值”键，再点击“坐标设定”，如图 1-4-12 所示。

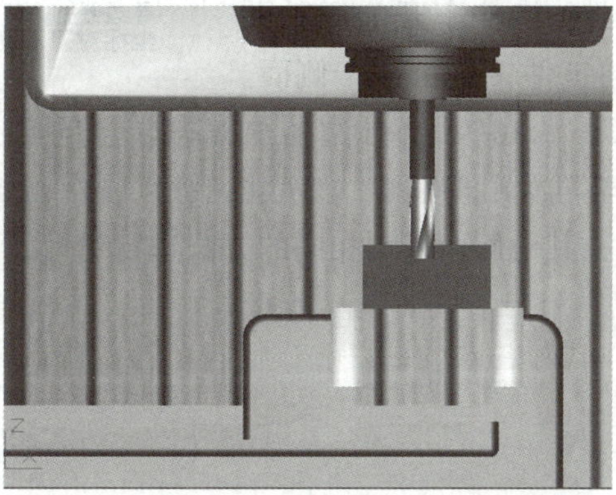

图 1-4-11　刀具与工件 *Y* 向另一侧面接触

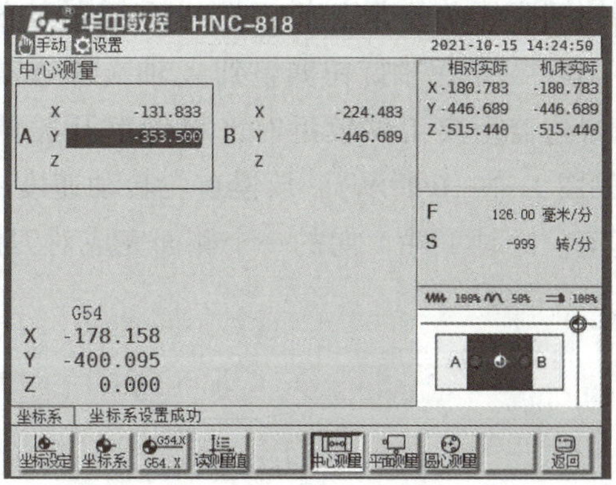

1-4-12　“坐标设定”界面（二）

（10）将手摇脉冲发生器的坐标轴旋钮调整到 *Z* 轴，倍率开关调整到“×100”，转动手轮，向上抬起机床主轴，将刀具移动到工件的上方。当刀具与工件上表面距离较近时，将手轮上倍率开关调整到“×10”，继续转动手轮；当刀具底面与工件上表面接触位置有金属切屑散落时，如图 1-4-13 所示，停止转动手轮。

（11）点击功能键区的“返回”键，将 G54 蓝色光标下移至 *Z* 坐标处，点击功能区“当前位置”键，点击“Y”，完成对刀操作，如图 1-4-14 所示。

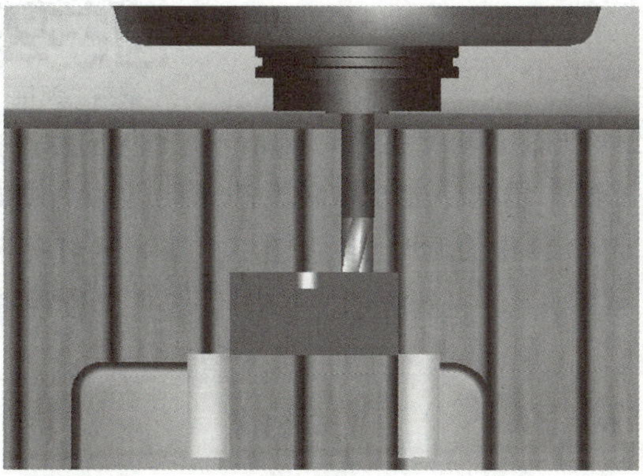

图 1-4-13　刀具底面与工件上表面接触

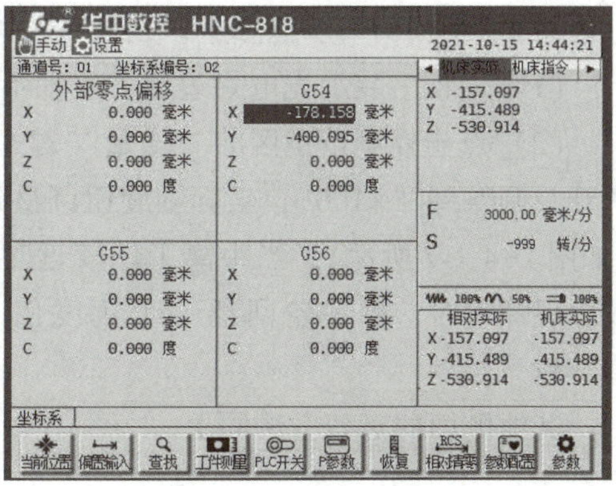

图 1-4-14　完成对刀操作

二、偏心式寻边器 *X*，*Y* 向对刀示例

在图 1-4-2 所示位置（即工件几何中心）建立加工坐标系。偏心式寻边器 *X*，*Y* 向对刀步骤如下。

（1）寻边器安装在刀柄上，并将上、下两端稍微分离。

（2）MDI 运行方式下设定主轴正转，转速为“400~600 r/min”。

（3）控制机床将寻边器直径为 10 mm 的测头向工件一侧接近（如图 1-4-15 所示）。当测头与工件距离较近时，放慢进给速度，点击控制按键区的“增量”键，选择手摇脉冲发生器，将倍率开关调整到“×100”，坐标轴旋钮调整到 *X* 轴，寻边器靠向工件 *X* 向的一个侧面。当寻边器距离工件较近时，将倍率开关调整到“×10”；当寻边器由偏摆转至同心时（如图 1-4-16 所示），放慢首轮转动速度，直至再次出现偏摆，然后将手轮回摇一个刻度值。此时工件 *X* 向的一个侧面完成对刀操作，其他侧面采用相同的方法进行对刀。

视频：偏心式寻边器 *X*，*Y* 坐标对刀示例

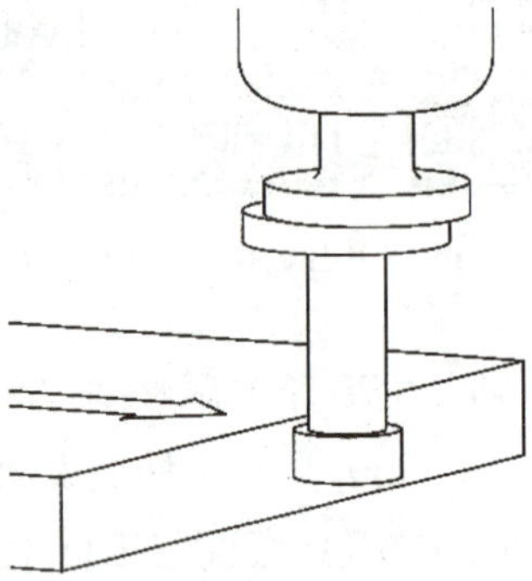

图 1-4-15　寻边器测头向工件一侧接近

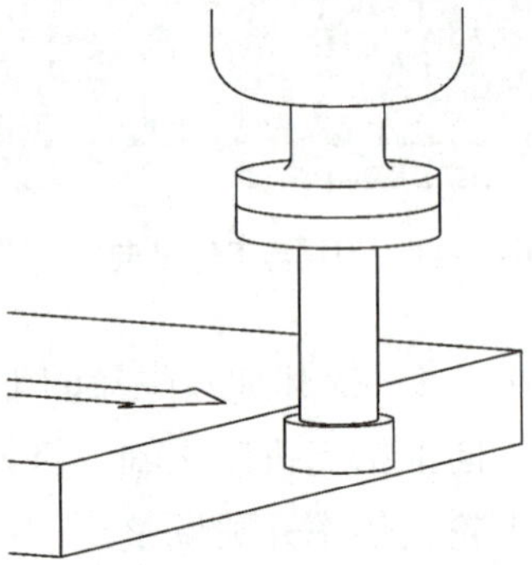

图 1-4-16　寻边器由偏摆转至同心

三、光电寻边器 *X*，*Y* 向对刀示例

视频：光电寻边器 *X*，*Y* 坐标对刀示例

在图 1-4-2 所示位置（即工件几何中心）建立加工坐标系。光电寻边器 *X*，*Y* 向对刀步骤如下。

（1）刀柄上装上光电寻边器，主轴不需要转动。

（2）点击控制按键区的“增量”键，选择手摇脉冲发生器，将倍率开关调整到“×100”，坐标轴旋钮调整到 *X* 轴，光电寻边器靠向工件 *X* 向的一个侧面（如图 1-4-17 所示）。当距离工件较近时，将倍率开关调整到“×10”；当光电灯亮起或出现蜂鸣时，将手轮回摇一个刻度值（如图 1-4-18 所示），然后点击“读测量值”键。

其他侧面的对刀方法同上。

图 1-4-17　光电寻边器靠向工件 *X* 向的一个侧面

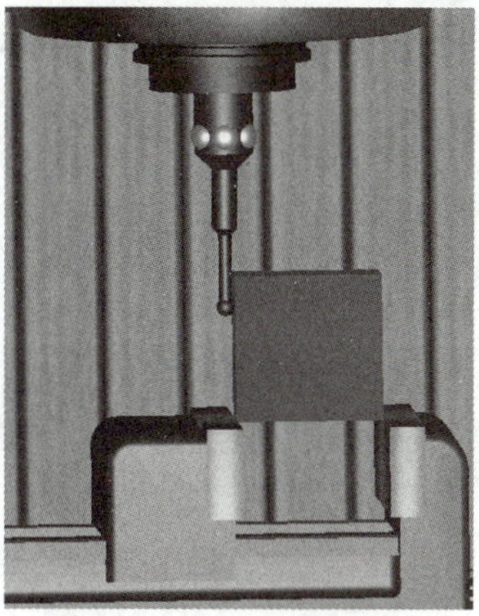

图 1-4-18　光电寻边器与工件 *X* 向侧面接触

四、百分表完成 *X*，*Y* 向对刀示例

视频：百分表完成 *X*，*Y* 向对刀示例

在工件几何中心建立加工坐标系，如图 1-4-2 所示。百分表完成 *X*，*Y* 向对刀步骤如下。

(1) 将百分表与工件表面接触，最大预压量控制在 0.3～0.5 mm，找到工件与百分表接触时的最大示值，并将此时表盘转动至“0”位置（如图 1-4-19 所示）。点击功能键区的“工件测量”键，并选择“中心测量”。点击功能键区的“读测量值”键。

(2) 将百分表移动到 *X* 轴的另一侧，移动机床，找到工件与百分表的最大接触示值为 0 时（如图 1-4-20 所示），点击功能键区的“读测量值”键，然后点击“坐标设定”键，完成 *X* 坐标系的建立。

(3) *Y* 坐标系的建立步骤与上述方法相同。

图 1-4-19　百分表与工件表面接触

图 1-4-20　百分表移动到 *X* 轴的另一侧

五、单侧建立工件坐标系

在图 1-4-21 所示位置建立加工坐标系。单侧建立工件坐标系步骤如下。

视频：单侧建立工件坐标系统

图 1-4-21　建立加工坐标系示意图（二）

单侧建立工件坐标系的方法和试切对刀的方法相同。刀具与工件右侧接触（如图 1-4-22 所示）后，将刀具 Z 向抬起，向工件左侧移动刀具的半径值，然后点击当前位置按“回车”键，完成工件 X 坐标的对刀。Y 向对刀方法与 X 向对刀方法相同。

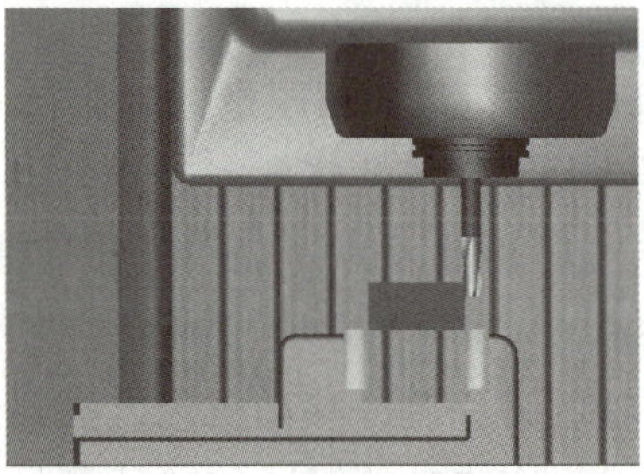

图 1-4-22　刀具与工件右侧接触

六、Z 轴设定器完成 Z 向对刀示例

视频：Z 轴设定器完成 Z 向对刀示例

将 Z 轴设定器放在工件上表面上，然后将刀具与 Z 轴设定器上表面相接触，转动手轮，看 Z 轴设定器表盘示值为 0 时，点击当前位置按“回车”键，完成工件 Z 坐标的对刀，如图 1-4-23 所示。

图 1-4-23　工件 Z 坐标的对刀

单元五

杠杆百分表找正平口钳

杠杆百分表（图 1–5–1）找正平口钳步骤如下。

视频：百分表找正平口钳示例

（1）擦干净工作台面。

（2）锁紧螺母预紧平口钳一侧，另一侧稍带力。

（3）将百分表装到磁力表座上，将表座吸附到机床主轴上。

（4）百分表与固定钳口的左侧相接触，预压量控制在 0.3~0.8 mm。

（5）移动百分表至钳口右侧。

（6）记录百分表首末两端相差的数值。

（7）将百分表移动至钳口中间位置。

（8）如钳口右侧数值大，则用铜棒敲击钳体左侧；反之，敲击右侧。

（9）敲击过程中观察表盘变化，当指针回到左、右两端相差数值一半时，停止敲击。重复（4）~（9）步骤，直至固定钳口左、右两端数值相差在 0.02 mm 内或规定范围内为止。

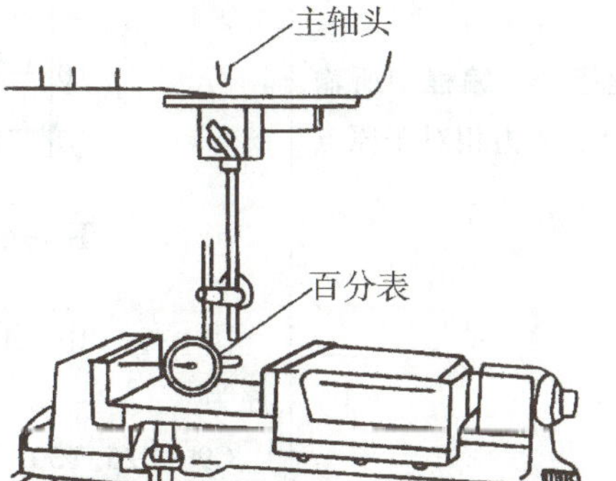

图 1–5–1　杠杆百分表示意图表

单元六

程序编制

知识一　常用指令介绍

表 1-6-1　常用指令介绍

代码	格式及释义	示例
G90	G90 为绝对值编程指令。编程中所输入的终点坐标值 X，Y，Z 为相对于原点的坐标值	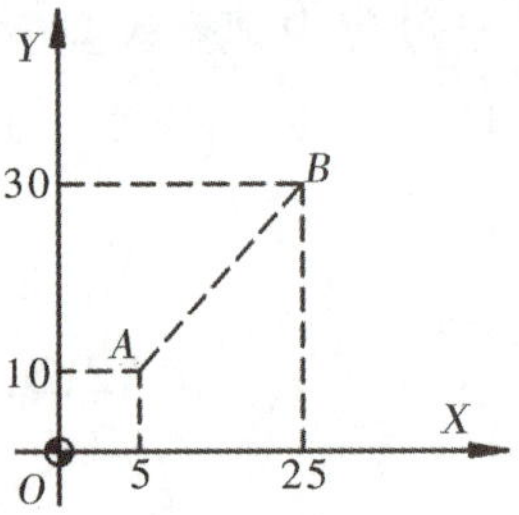 图 1-6-1　G90 指令图例 图 1-6-1 中，*A* 点为起点，*B* 点为终点，其程序为 G90　X25　Y30

表 1-6-1（续）

<table>
<tr><th>代码</th><th>格式及释义</th><th>示例</th></tr>
<tr><td>G91</td><td>G91 为相对值编程指令。编程中所输入的终点坐标值 X，Y，Z 为相对于前一点在 X，Y，Z 轴上实际的距离值。当点的运动方向与坐标轴方向一致时，X，Y，Z 为正值，反之为负值</td><td>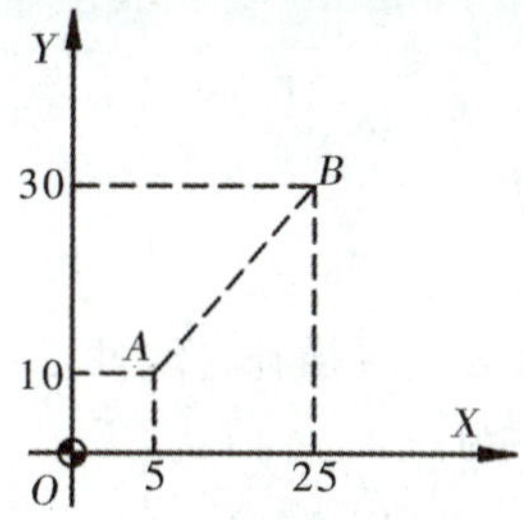

图 1-6-2 G91 指令图例
图 1-6-2 中，A 点为起点，B 点为终点，其程序为
G91 X20 Y20
若 B 点为起点，A 点为终点，其程序为
G91 X-20 Y-20</td></tr>
<tr><td>G00</td><td>G00 为快速定位指令。其格式为
G00 X_ Y_ Z_
说明如下。
①X，Y，Z：快速定位，在 G90 绝对值编程条件下，X，Y，Z 为相对于原点的终点坐标；在 G91 增量值编程条件下，X，Y，Z 为终点相对于起点的位移量。
②G00 指令的移动速度在出厂时已设定，F 对其无效。
③为提高生产效率，G00 用于加工前快速接近工件和加工后快速远离工件。快移速度可由面板上的倍率修调旋钮修正。
④G00 为模态功能，可由 G01，G02，G03 功能注销。
注意：G00 指令所走刀具轨迹不是起点和终点连线形成的直线。故编程中应先将 Z 轴移动到安全高度，再执行 G00 指令</td><td>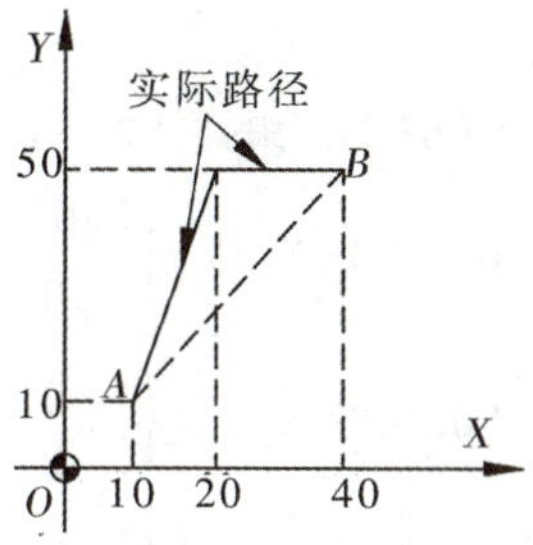

图 1-6-3 G00 指令图例
图 1-6-3 中，从 A 到 B 快速定位的程序如下。
①绝对值编程：
G90 G00 X40 Y50
②增量值编程：
G91 G00 X30 Y40</td></tr>
</table>

表 1-6-1（续）

代码	格式及释义	示例
G01	G01 为直线插补（线性进给）指令。其格式为 G01 X_ Y_ Z_ F_ 说明如下。 ①X，Y，Z：终点坐标或相对于前一点的位移量。 ②F_ ：进给速度，单位为 mm/min。 G01 是模态代码，可由 G00，G02，G03 功能注销	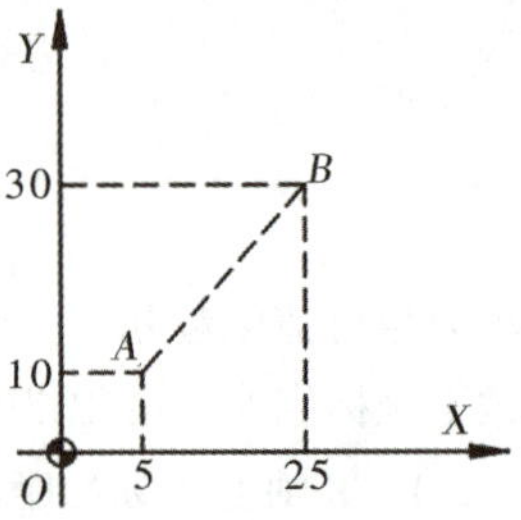 **图 1-6-4　G01 指令图例** 如图 1-6-4 所示，使用 G01 编程：要求从 *A* 点线性进给到 *B* 点（进给路线是 *A*→*B*），进给速度为 200 mm/min。 ①绝对值编程： G90 G01 X25 Y30 F200 ②增量值编程： G91 G00 X20 Y20 F200
G02/G03	G02/G03 为圆弧插补指令。其格式为 $\text{G02/G03 X\_ Y\_}\left\{\begin{matrix}\text{I\_ J\_}\\ \text{R\_}\end{matrix}\right\}\text{F\_}$ $\text{G02/G03 X\_ Y\_}\left\{\begin{matrix}\text{I\_ K\_}\\ \text{R\_}\end{matrix}\right\}\text{F\_}$ $\text{G02/G03 X\_ Y\_}\left\{\begin{matrix}\text{J\_ K\_}\\ \text{R\_}\end{matrix}\right\}\text{F\_}$ 说明如下。 ①G02：顺时针圆弧插补（如图 1-6-5 所示）。 ②G03：逆时针圆弧插补（如图 1-6-5 所示）。 ③X，Y，Z：圆弧终点。在 G90 模式下为圆弧终点在工件坐标系中的坐标；在 G91 模式下为圆弧终点相对于圆弧起点的位移量。	如图 1-6-5 所示，圆心角小于 180°的圆弧编程示例如下。 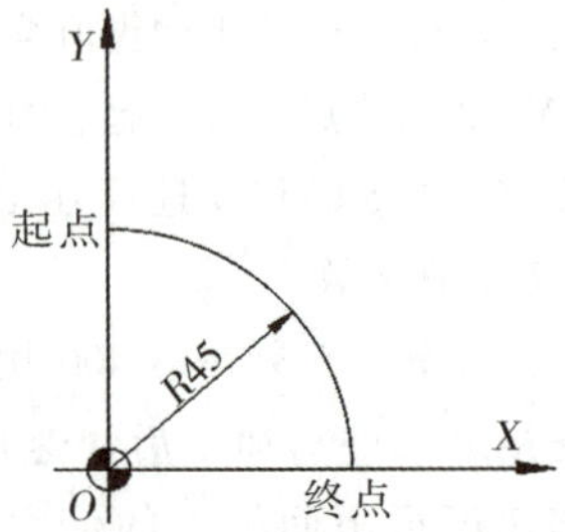 **图 1-6-5　G02/G03 指令图例（一）** ①增量值编程： G91 G02 X45 Y-45 R45 F200 G91 G02 X45 Y-45 I0 J-45 F200 ②绝对值编程： G90 G02 X45 Y0 R45 F200 G90 G02 X45 Y0 I-45 J0 F200

表 1-6-1（续）

代码	格式及释义	示例
G02/ G03	④I，J，K：圆心相对于圆弧起点的偏移量（等于圆心坐标减去圆的起点坐标或是圆弧起点指向圆心的矢量）。在 G90/G91 模式下，都是以增量方式指定：I 与 *X* 轴对应，J 与 *Y* 轴对应，K 与 *Z* 轴对应。 ⑤R：圆弧半径，当圆弧圆心角小于 180°时，R 为正值，否则 R 为负值。 ⑥F：被编程的两个轴的合成进给速度。 注意： ①顺时针或逆时针是从垂直于圆弧所在平面的坐标轴的正方向看到的回转方向； ②R 的编程形式不能编写整圆； ③一条程序同时编入 R，I，J，K 时，R 有效	如图 1-6-6 所示，圆心角大于 180°的圆弧编程示例如下。 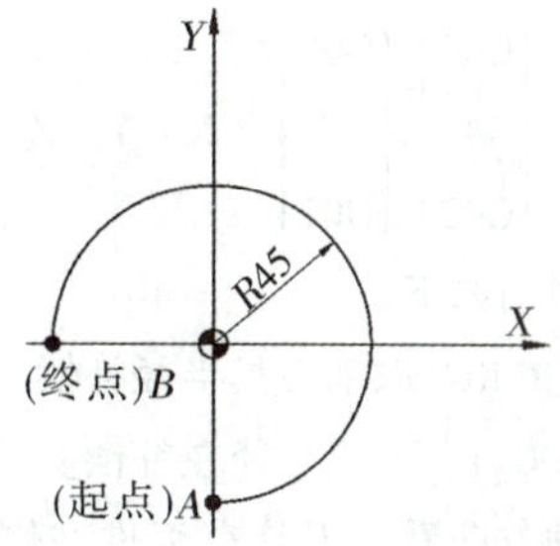 **图 1-6-6　G02/G03 指令图例（二）** ①增量值编程： G91 G03 X-45 Y45 R-45 F200 G91 G03 X-45 Y45 I0 J45 F200 ②绝对值编程： G90 G03 X-45 Y0 R-45 F200 如图 1-6-7 所示，*A* 为整圆编程起点，顺时针编写整圆程序示例如下。 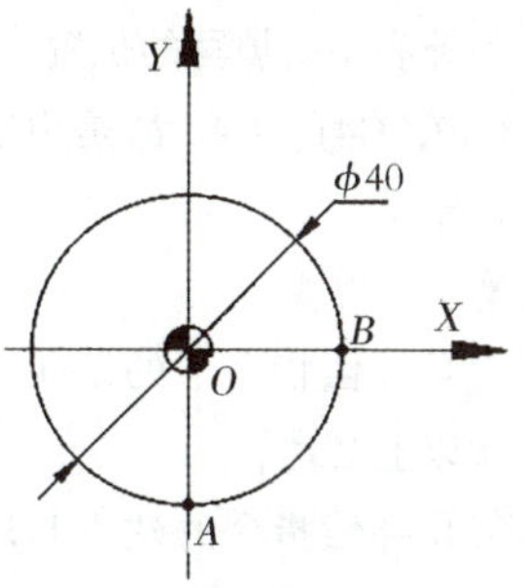 **图 1-6-7　G02/G03 指令图例（三）** ①增量值编程： G91 G02 X0 Y0 I0 J45 F200 ②绝对值编程： G90 G02 X0 Y-20 I0 J20 F200

表 1-6-1（续）

代码	格式及释义	示例
G40/ G41/ G42	G40/G41/G42 为刀具半径补偿指令。其格式如下： $\begin{Bmatrix}G40\\G41\\G42\end{Bmatrix}\begin{Bmatrix}G00\\G01\end{Bmatrix}$ X_ Y_ Z_ D 说明如下。 ①G40：取消刀具半径补偿。 ②G41：刀具半径左补偿。沿着刀具的运动方向看，刀具在工件左侧的就是左刀补，如图，1-6-8（a）所示。 ③G42：刀具半径右补偿。沿着刀具的运动方向看，刀具在工件右侧的就是右刀补，如图，1-6-8（b）所示。 ④X，Y，Z：G00/G01 的参数，即刀补建立或取消的终点。（注：投影到补偿平面上的刀具轨迹受到补偿。） ⑤D：G41/G42 的参数，即刀补号码（D00～D99）。它指的是所用刀具的半径值在刀补表中所填写的位置。 ⑥G40，G41，G42 都是模态代码，可相互注销。 注意： ①刀具补偿指令下的语句不能连续出现 2 次以上 Z 值； ②刀具补偿指令的建立与取消只能与 G00 或 G01 指令在同一条语句上，不得是 G02 或 G03； ③加刀具补偿指令的移动距离要大于所选刀具半径。如图 1-6-9 所示，走刀路线是“原点→*OE*→*EB*→*BC*→*CD*→*DF*→*FO*”：其中，*OE* 段为加刀补 *G41* 或 *G42*，且 *OE* 段的长度必须保证大于刀具半径；*FO* 段为取消刀补，同样 *FO* 段的长度必须保证大于刀具半径	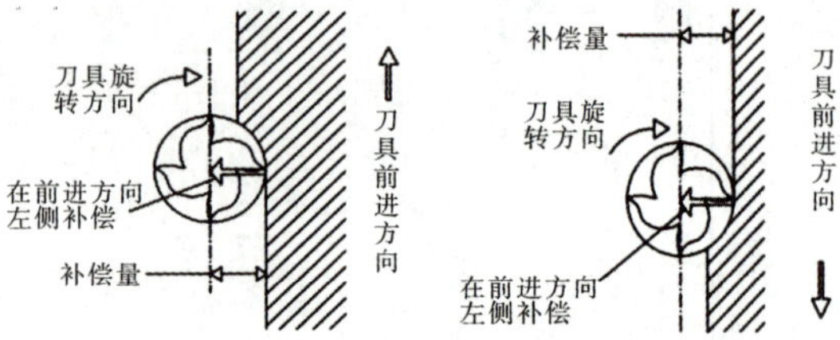 （a）左刀补　（b）右刀补 **图 1-6-8　刀具补偿方向** 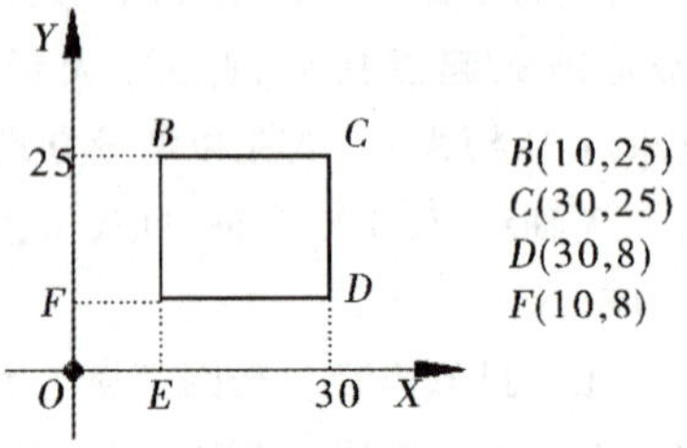 **图 1-6-9　刀具半径补偿指令示例** 图 1-6-9 中的走刀路线是“原点→*OE*→*EB*→*BC*→*CD*→*DF*→*FO*”。 例：图 1-6-9 中的刀具起点在坐标系原点，考虑刀具半径补偿按照走刀路线编程，设切削深度为-1 mm。其程序如下。 %1234 G90 G54 G00 Z100 M03 S1000 X0 Y0 Z5 G01 Z-1 F100 G41 G01 X10 Y0 F200 D01 Y25 X30 Y8 X0 G40 Y0 G00 Z100 M05 M30

表 1-6-1（续）

代码	格式及释义	示例
G43/ G44/ G49	G43/G44/G49 为刀具长度补偿指令。其格式如下： $\left\{\begin{matrix}G43\\G44\\G49\end{matrix}\right\}\left\{\begin{matrix}G00\\ \\G01\end{matrix}\right\}$X_ Y_ Z_ H_ 说明如下。 ①G49：取消刀具长度补偿。 ②G43：长度方向正向偏置。 ③G44：长度方向负向偏置。 ④G49 只需要在运行完长度补偿后，抬刀时取消，如“G00 G49 Z100”。	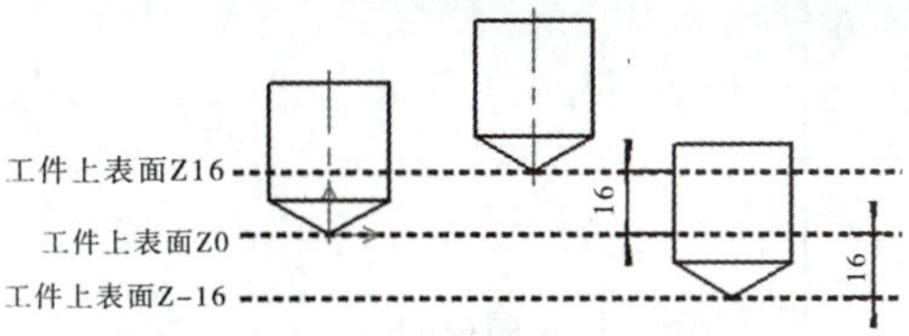 **图 1-6-10　刀具长度补偿指令示例** 例：如图 1-6-10 所示，直线进给到工件上表面，进给速度为 100 mm/min，现用长度补偿，将刀具向上抬起16 mm和向下移动 16 mm，其程序表达方法如下。 ①初始：G01 Z0 F100。 ②向上抬起 16 mm：G43 G01 Z0 F100 H01（同时在面板上，刀补→刀号 1→长度→输入“16”）。 ③向下移动 16 mm：G43 G01 Z0 F100 H01（同时在面板上，刀补→刀号 1→长度→输入“-16”）
G73	G73 为高速深孔加工循环指令。其格式如下： $\left\{\begin{matrix}G98\\G99\end{matrix}\right\}$G73 X_ Y_ Z_ R_ Q_ P_ K_ F_ L 说明如下。 ①G98 为返回到初始平面。(每完成一个孔的钻削后返回到 G73 所在指令行的上一行或上几行中出现的 Z 值所对应的数值高度。) ②G99 为返回到安全平面，也叫 R 平面。(每完成一个孔的钻削后，返回到 G73 所在指令行的出现的 R 值所对应的数值高度。) ③X，Y，Z：孔位置坐标。 ④R：安全高度（一般取 3~5 mm）。 ⑤Q：每次进给深度，取负值。 ⑥K：每次退刀距离，用于断屑，一般取 1。	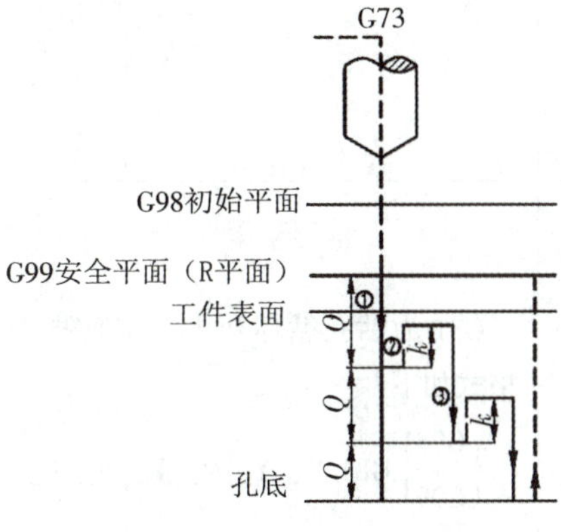 **图 1-6-11　G73 指令动作循环** 例：使用直径为 10 的钻头和 G73 指令编制如图 1-6-12 所示深孔零件的加工程序。

表 1-6-1（续）

代码	格式及释义	示例
G73	⑦P：孔底暂停时间。 ⑧F：进给速度，单位为 mm/min。 ⑨L：循环次数。 G73 指令用于大于 3 倍钻头直径且小于 10 倍钻头直径的钻削加工。 G73 指令动作循环见图 1-6-11。 运动轨迹描述如下：到定位点后以 G00 的速度快进到 R 平面，以 G73 循环指令设定的进给速度 F 工进到深度 Q，然后以 G00 的速度抬起 K 的高度，以进给速度 F 工进，在前一次底面的基础上再工进一个深度 Q；重复这样的动作直至钻孔完成，然后抬到安全平面或初始平面	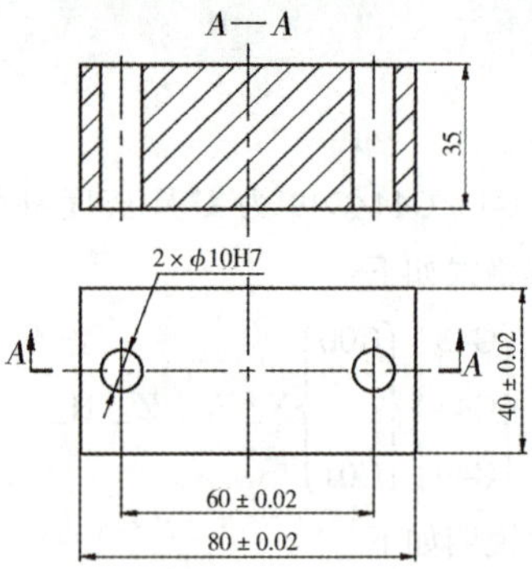 **图 1-6-12　深孔零件** %1234 G90 G54 G00 Z100 M03 S750 X0 Y0 G98 G73 X-30 Y0 Z-38 R5 P2 Q-5 K1 F50 G00 X30 G80 G00 Z100 M05 M30 注意：钻头钻尖部分长度是 0.3 倍钻头直径，即 0.3×10＝3 mm。为钻通此件所以设定 Z 为-38 mm
G81	G81 为钻孔循环（中心钻）指令。其格式如下： $\left\{\begin{matrix}G98\\G99\end{matrix}\right\}$ G81 X_ Y_ Z_ R_ F_ L_ 各参数意义同 G73 指令。 G81 指令主要用于打点和小于 3 倍钻头直径孔的钻削。 G81 指令动作循环见图 1-6-13。 视频：G81 钻孔循环指令	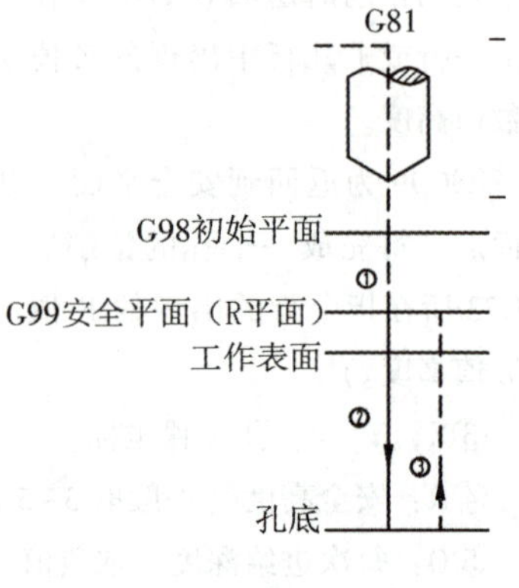 **图 1-6-13　G81 指令动作循环**

表 1-6-1（续）

代码	格式及释义	示例
G81	其运动轨迹描述如下：到定位点后以 G00 的速度快进到 R 平面，以 G81 循环指令设定的进给速度 F 工进到孔底，然后以 G00 的速度快速抬刀	例：使用 G81 指令编制在如图 1-6-12 所示深孔零件上打点的程序，打点深度为 2 mm。 %1234 G90 G54 G00 Z100 M03 S2500 X0 Y0 G98 G81 X-30 Y0 Z-2 R5 F50 G00 X30 G80 G00 Z100 M05 M30
G83	G83 为深孔加工循环指令。其格式如下： $\begin{Bmatrix}G98\\G99\end{Bmatrix}$ G83 X_ Y_ Z_ R_ P_ F_ L_ 视频：G83 深孔加工循环指令 说明如下。 ①各参数意义同 G73 指令。 ②该指令主要用于深孔、有色金属加工、批量件的加工。其中，深孔一般指大于 10 倍钻头直径的孔。 G83 指令动作循环见图 1-6-14。其运动轨迹描述如下：到定位点后以 G00 的速度快进到 R 平面，以 G83 循环指令设定的进给速度 F 工进到深度 Q，然后以 G00 的速度抬到 R 平面，以 G00 速度接近工件，距离前一次底面有 K 的高度时开始工进，在前一次底面的基础上再工进一个深度 Q；重复这样的动作直至钻孔完成，然后抬到安全平面或初始平面	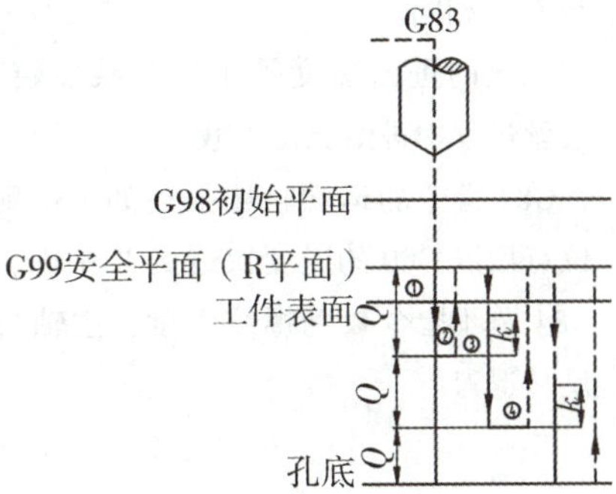 **1-6-14　指令动作循环** 例：使用 G83 指令编制如图 1-6-12 所示深孔零件的加工程序。 %1234 G90 G54 G00 Z100 M03 S2500 X0 Y0 G98 G81 X-30 Y0 Z-2 R5 Q-5 K1 F50 G00 X30 G80 G00 Z100 M05 M30

表 1-6-1（续）

代码	格式及释义	示例
G84	G84 为攻丝循环指令。其格式如下： $\left\{\begin{matrix}G98\\G99\end{matrix}\right\}$ G84 X_ Y_ Z_ R_ P_ F_ L_ 视频：G84 攻丝循环 说明：参数 F 是所攻螺纹的螺距，其他参数 X，Y，Z，P，L 的意义与 G73 相同。 攻丝的进给速度等于螺距乘以转速。攻丝过程中进给保持失效。 G84 指令的运动轨迹描述如下：到定位点后以 G00 的速度快进到 R 平面，以 G84 循环指令攻到螺纹深度，主轴自动反转退刀	例：使用 C84 指令编制如图 1-6-15 所示螺纹孔零件的加工程序。 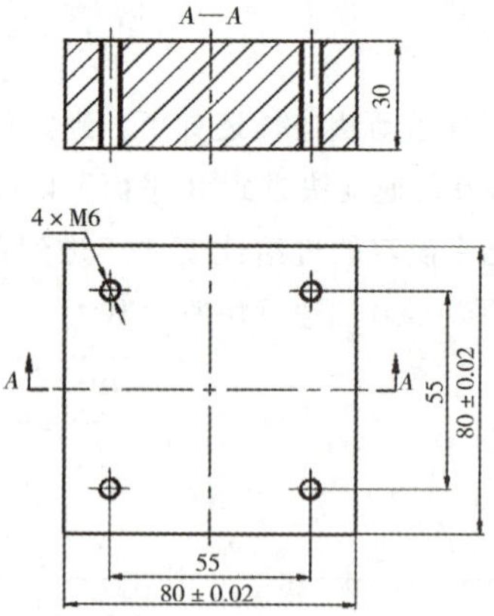 图 1-6-15　螺纹孔零件（一） %1234 G90 G54 G00 Z100 M03 S100 X0 Y0 G98 G84 X-30 Y0 Z-32 R5 F50 G00 X30 G80 G00 Z100 M05 M30
G86	G86 为镗孔循环指令，与 G81 相同，但在孔底时主轴停止，然后快速退回。镗孔可以保证孔的圆度	例：使用 C84 指令编制如图 1-6-16 所示螺纹孔零件的加工程序。 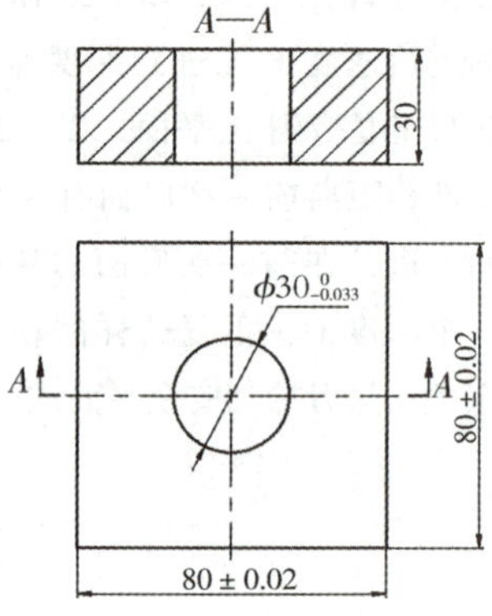 图 1-6-16　螺纹孔零件（二）

表 1-6-1（续）

代码	格式及释义	示例
G86		%1234 G90 G54 G00 Z100 M03 S750 X0 Y0 G98 G86 X0 Y0 Z-30 R5 F50 G80 G00 Z100 M05 M30
G80	G80 为取消钻孔、攻丝、镗孔等固定循环指令，用在循环指令程序结束后	
G54~G59	G54~G59 指令的意义相同，为工件坐标系零点设定	
G17/G18/G19	G17 指令默认在 *XOY* 平面内编程。 G18 指令默认在 *XOZ* 平面内编程。 G19 指令默认在 *XOY* 平面内编程。 其他平面内编程需要在编程前指定所在平面	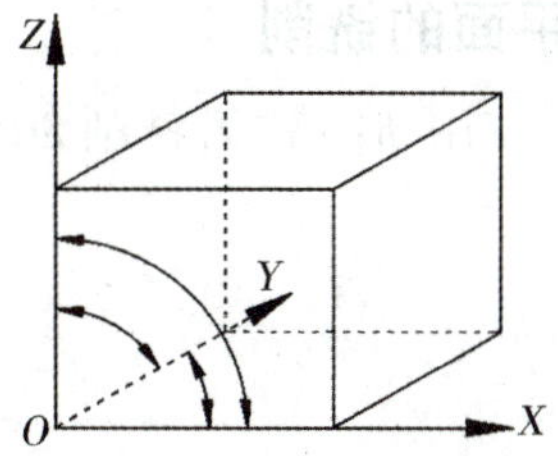 图 1-6-17 坐标系图
M00	无条件程序停止	
M01	与“选择停”键配合使用，详见面板按键介绍	
M02	程序结束	
M03	主轴正传	
M04	主轴反转	
M05	主轴停止	
M07/M08	冷却液开	

表 1-6-1（续）

代码	格式及释义	示例
M09	冷却液关	
M30	程序结束，并返回到程序起始行	
M98	调用子程序	
M99	子程序结束	

知识二　零件的手工编程

一、平面的铣削

示例：使用 ϕ16 铣刀铣削 80×80 的平面，铣削平面如图 1-6-18 所示。

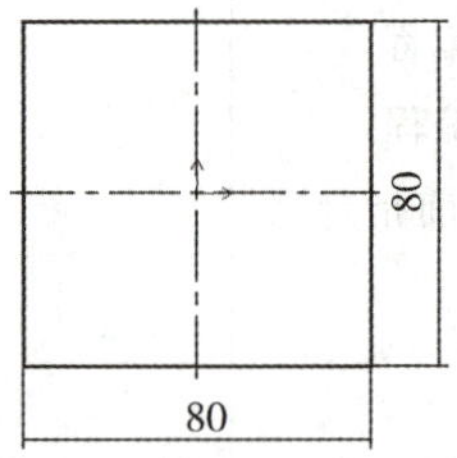

图 1-6-18　铣削平面

手工编程如下：

```
%1234
G40 G80 G90 G54 G00 Z100
M03 S2000
G00 X-40 Y-50
Z5
G01 Z-0.5 F1000
M98 P1 L4
G00 Z100
M30
```

主程序

⇨

```
%1
G91 G01 Y100 F800
X11
Y-100
X11
M99
```

子程序

加工步骤如下。

（1）M98 是在主程序内发出指令，主程序负责将刀具放到指定位置，做好准备工作。

（2）子程序负责实际加工，M99 是子程序的结尾指令。

（3）运行轨迹描述：将刀具移动到“X-40 Y-50 Z-0.5”的位置做好准备；调用 1 号子程序，用增量的形式 *Y* 向上移动 100 mm、向右移动 11 mm、向下移动100 mm、向右移动 11 mm，这样往复循环四次，然后抬刀，结束程序。

二、凸台的铣削

示例：使用 ϕ16 铣刀铣削 ϕ55 圆台，零件材料为 2A12。为避免接刀痕，使用 R9 圆弧切入、切出加工圆凸台。待铣削圆台如图 1-6-19 所示。

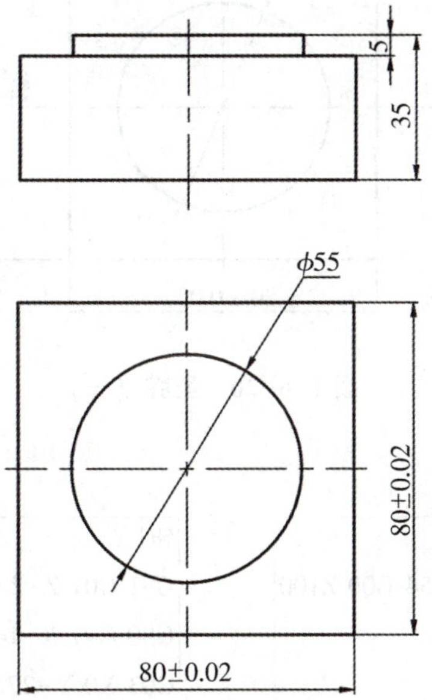

图 1-6-19 圆台

手工编程如下：

```
%1234
G40 G80 G90 G54 G00 Z100
M03 S2000
G00 X0 Y-50
Z5
G01 Z0 F300
M98 P1 L5
G00 Z100
M30
```

⇨

```
%1
G91 G01 Z-1 F1000
G90 G41 X10 Y-37.5 D01
G03 X0 Y-27.5 R10
G02 I0 J 27.5
G03 X-10 Y-52.5 R10
G40 G01 X0
M99
```

三、型腔的铣削

示例：使用 $\phi16$ 铣刀铣削 $\phi55$ 圆槽，零件材料为 2A12。为避免接刀痕，使用 R9 圆弧切入、切出待加工型腔。待加工型腔如图 1-6-20 所示。

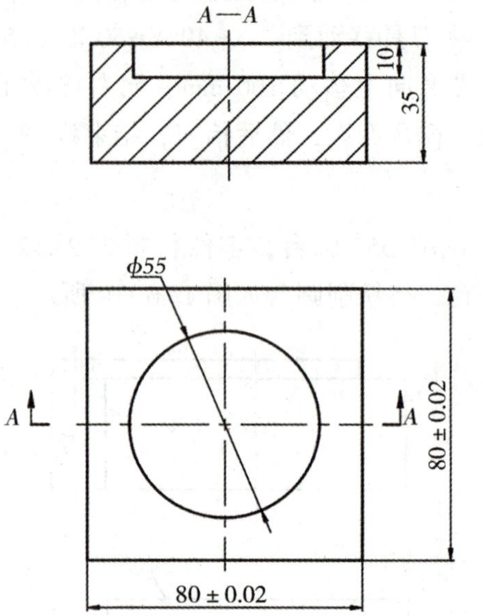

图 1-6-20　型腔（一）

手工编程如下：

```
%1234                          %1
G40 G80 G90 G54 G00 Z100       G91 G01 Z-2 F1000
M03 S2000                      G90 G41 X-14 Y-13.5 D01
G00 X0 Y0                      G03 X0 Y-27.5 R14
Z5                        ⇨    G03 I0 J27.5
G01 Z0 F300                    G03 X-14 Y-13.5 R10
M98 P1 L5                      G40 G01 X0 Y0
G00 Z100                       M99
M30
```

四、带岛屿的零件铣削

示例：使用 $\phi16$ 铣刀铣削 $\phi55$ 圆槽和中间 10×10 岛屿，零件材料为 2A12。为避免接刀痕，使用 R9 圆弧切入、切出加工该型腔。待加工型腔如图 1-6-21 所示。

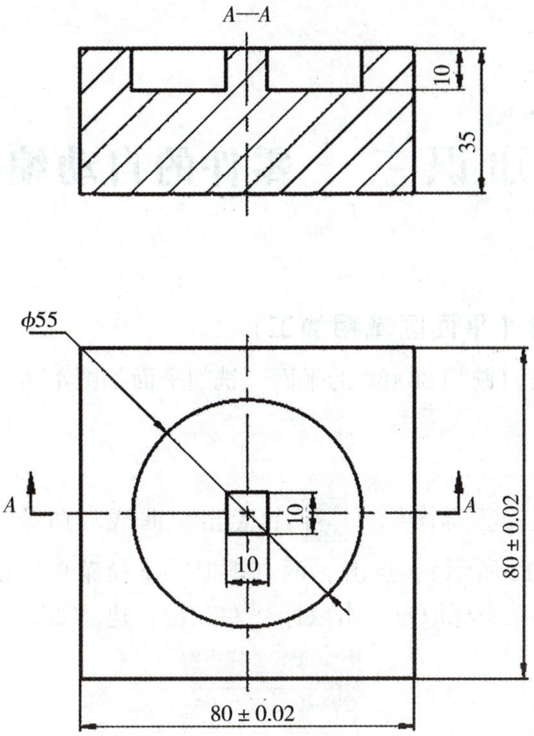

图 1-6-21 型腔（二）

手工编程如下：

%1234	%2	%3
G40 G80 G90 G54 G00 Z100	G91 G01 Z-2 F100	G91 G01 Z-2 F100
M03 S2000	G90 G41 X9 Y-14 F300 D01	G90 G41 X-9 Y-18.5 F300 D02
G00 X0 Y0	G03 X0 Y-5 R9	G03 X0 Y-27. 5 R9
Y-16	G01 X-5	G03 J27. 5
Z5	Y5	G03 X9 Y-18. 5 R9
G01 Z0 F100	X5	G40 G01 X0 Y-16
M98 P2 L5	Y-5	M99
G90 G01 Z0 F100	X0	
M98 P3 L5	G03 X-9 Y-14 R9	
G00 Z100	G40 G01 X0 Y-16	
M05	M99	
M30		

知识三　零件的自动编程

一、平面的铣削（平面区域粗加工）

示例：使用 $\phi16$ 铣刀铣削 80×80 的平面，铣削平面如图 1-6-18 所示。

1. 操作步骤

（1）绘制矩形。

鼠标左键双击制造工程师图标（ ），点击“曲线”命令（曲线），点击“矩形”命令（如图 1-6-22 所示），点击“两点矩形”下拉菜单，设定矩形长 80、宽 80（如图 1-6-23 所示），在坐标原点单击鼠标“左”键，建立如图 1-6-24 所示坐标系。

图 1-6-22　“知形”命令

图 1-6-23　设定矩形长、宽

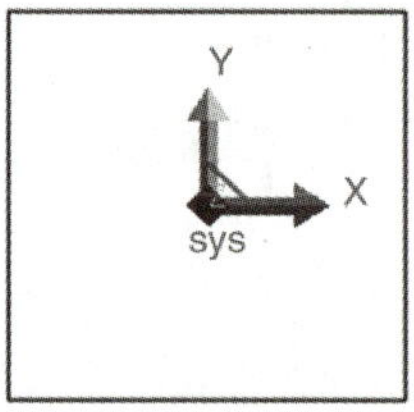

图 1-6-24　建立坐标系

（2）CAM 编程。

鼠标左键点击“加工”命令，点开“二轴加工”命令（二轴加工），左键单击“平面区域粗加工”（如图 1-6-25 所示），“加工参数”设置如图 1-6-26 所示，“清根参数”设置如图 1-6-27 所示，“接近返回”设置如图 1-6-28 所示，“下刀方式”设置如图 1-6-29 所示，“切削用量”设置如图 1-6-30 所示。

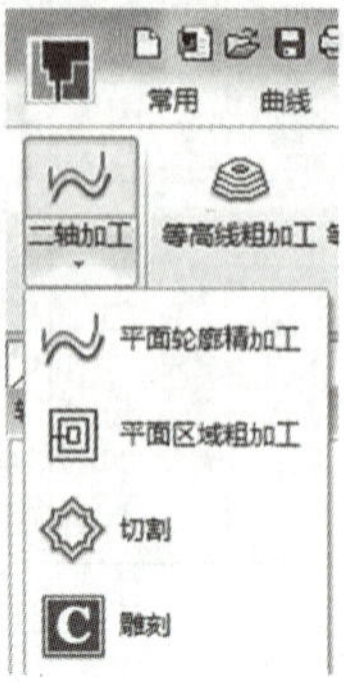

图 1-6-25　单击“平面区域粗加工”

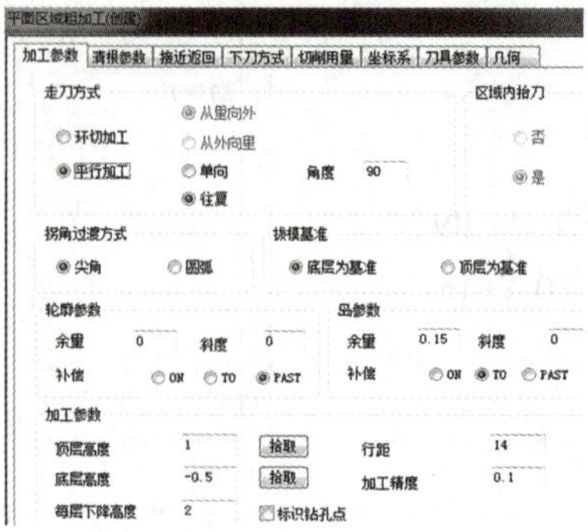

图 1-6-26　“加工参数”设置（一）

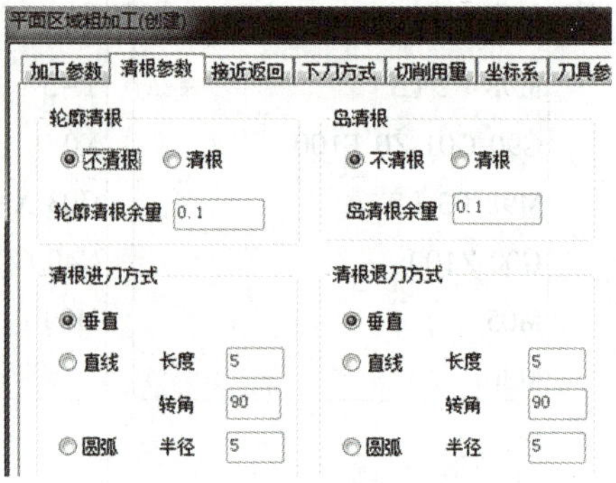

图 1-6-27　“清根参数”设置（一）

图 1-6-28　“接近返回”设置（一）

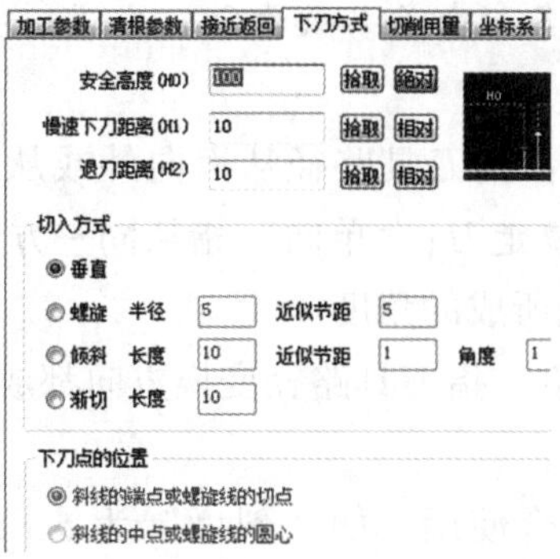

图 1-6-29　“下刀方式”设置（一）

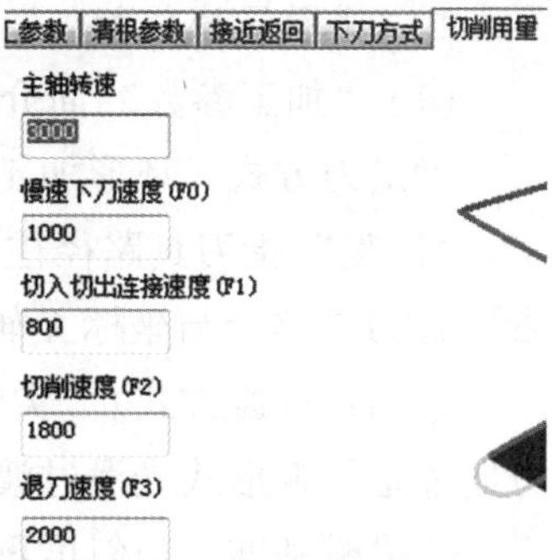

图 1-6-30　“切削用量”设置（一）

加工参数中的“坐标系”默认不需要修改，“刀具参数”里刀具类型选择“立铣刀”（立铣刀），直径填写“16”，其他默认，几何参数默认，鼠标左键单击“确定”按钮。按照左下角提示“请拾取轮廓线”，鼠标左键单击矩形轮廓的下边（如图1-6-31所示），鼠标左键点击左侧绿色箭头方向，然后点击鼠标右键（如图 1-6-32 所示）。

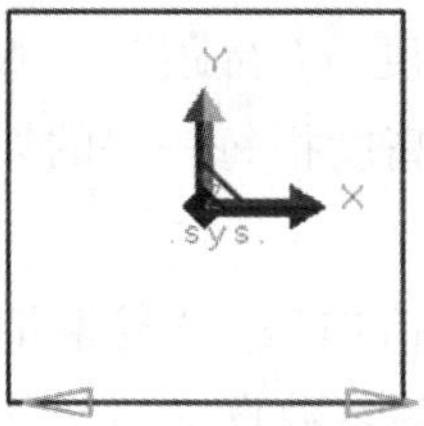

图 1-6-31　鼠标左键点击矩形轮廓下边

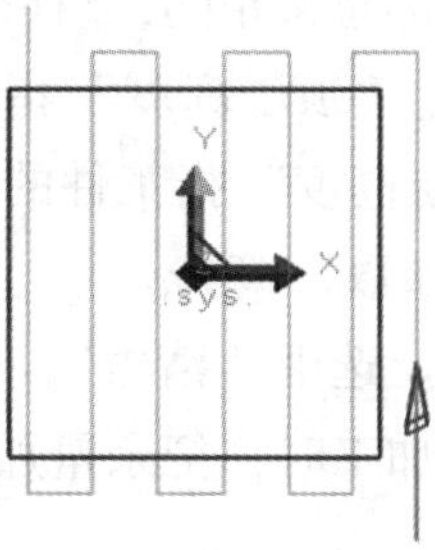

图 1-6-32　点击鼠标右键后效果

鼠标右键单击“刀具轨迹”下面的“平面区域粗加工”，选择“后置处理”的“生成 G 代码”（如图 1-6-33 所示），选择数控系统（如图 1-6-34 所示），鼠标左键单击“确定”按钮。

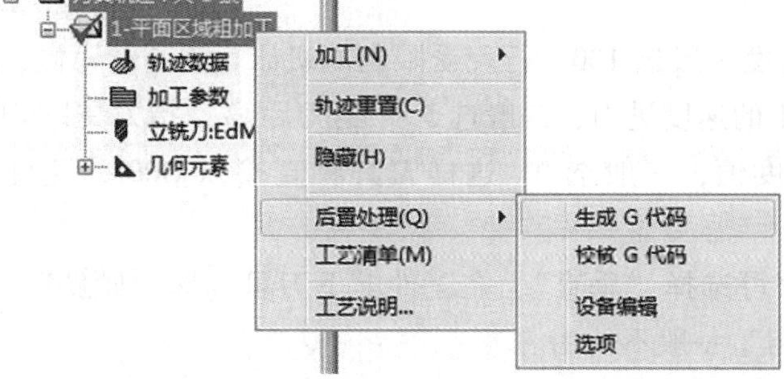

图 1-6-33　生成 G 代码（一）

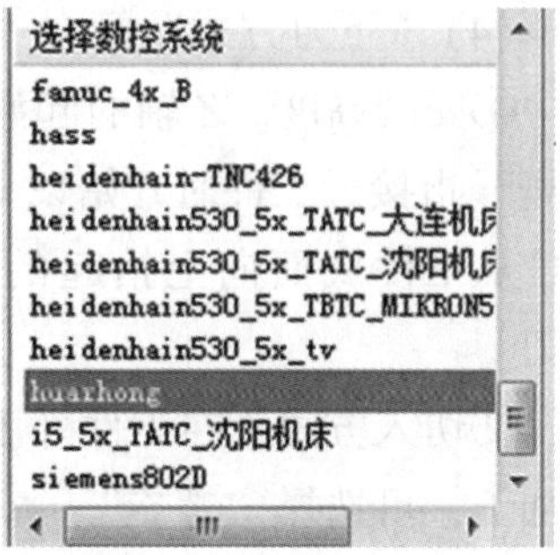

图 1-6-34　选择数控系统（一）

2. “平面区域粗加工”各命令条参数简介

（1）“加工参数”简介。

①走刀方式。环形加工：指刀具路径从里向外或从外向里一圈一圈加工。平行加工：“往复”指刀具路径往复走刀；“单向”指从同一方向进刀，从同一方向出刀；“角度”指刀具路径与坐标 X 轴所成的角度。

②拐角过渡方式。“尖角”指刀具路径变换方向都成90°，“圆弧”指刀具路径变换方向都是圆弧形式光滑过渡。

③拔模基准。与斜度配合使用。如“斜度”为5，以“底层为基准”为以底层零件轮廓为基础向内向上拔模，以“顶层为基准”为以顶层零件轮廓为基础向外向下拔模；“斜度”为负值时为倒拔模。

④轮廓参数。“余量”指零件侧壁的余量，为单边量。在“补偿”中，“ON”指刀具路径在轮廓线上，“TO”指刀具路径在轮廓线内侧，“PAST”指刀具路径在轮廓线外侧。

⑤岛参数。指所加工零件中间岛屿的单侧余量。其中，“斜度”的意义和“轮廓参数”中“斜度”的意义相同，“补偿”的意义也和“轮廓参数”中“补偿”的意义相同。

⑥加工参数。“顶层高度”指距离工件上表面的高度，“行距”一般为给定刀具直径的70%，“底层高度”指工件的实际深度，每层下降高度指每一层的切削深度。

（2）“清根参数”简介。

①轮廓清根。选中“清根”，则会对轮廓进行一次精加工。“轮廓清根余量”指清根时的余量。精加工时，把余量加工掉。“岛清根”中各参数意义与“轮廓清根”中各参数意义相同。

②清根进刀方式。“垂直”是指从上直接到进刀点。“直线”指进刀时在 XY 平面上直接以直线的形式进刀。“圆弧”指进刀时在 XY 平面上以圆弧切入、切出的形式进刀。

③“清根退刀方式”中各参数的意义与“清根进刀方式”中各参数的意义相同。

（3）“接近返回”简介。

①直线、圆弧与“清根参数”中的意义相同

②“强制”指强制从某一点下刀，可直接点取。

（4）“下刀方式”简介。

①安全高度。Z 轴的起始高度一般选100，行程受限制的机床可选50。“慢速下刀距离”指接近工件时开始以G01的速度进刀，一般选5。“退刀距离”指刀具以G01的速度从工件底面向上抬起的高度值，一般选0，这样刀具将直接以G00的速度向上抬刀。

②切入方式。在工件外下刀可选择“垂直”，在工件上下刀可选择“倾斜”，如是孔加工，可选择“螺旋”。“渐切”一般不选用。

（5）“切削用量”简介。

①“主轴转速”根据切削用量表给定的刀具线速度和公式 $v_c=\pi dn/1000$ 计算。

②“切削速度”（F）等于每齿进给量、齿数和转速的乘积，即 $F=f_z \times z \times n$。

③“退刀速度”可为 8000 mm/min，以提高加工效率、节省时间。

④“慢速下刀速度”“切入切出连接速度”可在 400~1000 mm/min，根据实际情况调整。

（6）“坐标系”简介。

在有多个坐标系时，可点击选择需要使用的坐标系。

（7）“刀具参数”简介。

①刀具类型可根据所使用刀具选择立铣刀、球刀、圆角刀。

②刀具号、长度补偿号与 G43 和 G44 指令里的 H 对应，半径补偿号与 G41 和 G42 指令里的 D 对应；只是数铣加工可不填写，默认即可。

③直径为所使用刀具的直径。

④通常情况下，刀杆长和刃长的数值在数铣加工中为默认，但若加工零件复杂，无法预判刀柄与工件是否会发生干涉时，则需要设置刀柄的直径和高度及刀头的直径和高度，并对程序进行仿真验证。

（8）“几何参数”简介。

①“轮廓曲线”指待加工零件所选的轮廓线。可在此点击“删除”按钮，重新选择想要的轮廓线。

②“岛屿曲线”指待加工零件所选岛屿的轮廓线。可在此点击“删除”按钮，重新选择想要的轮廓线。

二、凸台的铣削（平面轮廓精加工）

示例：使用 ϕ16 铣刀铣削 ϕ55 的圆台。待铣削圆台如图 1-6-19 所示。

1. 操作步骤

（1）绘制矩形。

鼠标左键双击制造工程师图标，点击“曲线”命令，点击“矩形”命令，点击“两点矩形”下拉菜单，设定矩形长 80、宽 80，在坐标原点单击鼠标左键，点击“圆”命令（如图 1-6-35 所示），在坐标原点单击鼠标左键输入半径“22.5”后按“回车”键（如图 1-6-36 所示）。

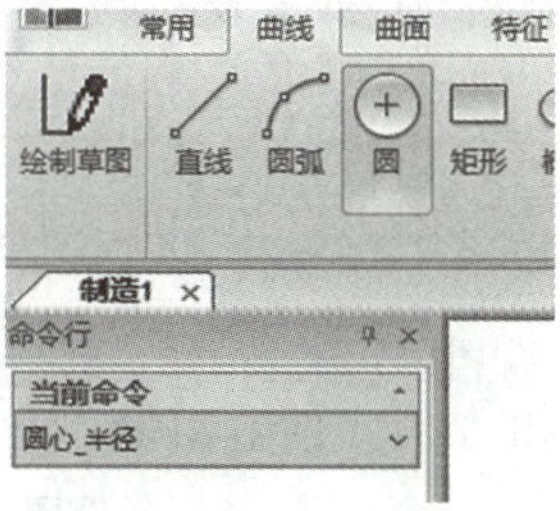

图 1-6-35 “圆”命令

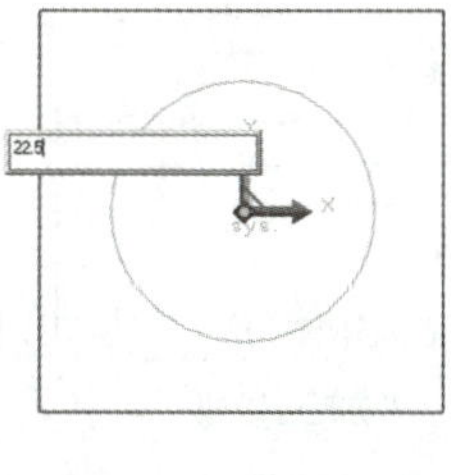

图 1-6-36 输入半径“22.5”

（2）CAM 编程。

鼠标左键点击“加工”命令，点开“二轴加工”命令，左键单击“平面区域粗加工”。“加工参数”选择环切加工、从外向里，拐角过渡方式选择“圆弧”，岛参数余量为0.1，顶层高度为0，底层高度为-5，每层下降高度1；“清根参数”设置为轮廓不清根，岛清根余量设置为0.1，清根进刀方式选择垂直；“接近返回”选择直线10 mm；“下刀方式”中切入方式为垂直，其他默认；“切削用量”的主轴转速为3000，慢速下刀速度为100，切入切出连接速度为800，切削速度为1500，退刀速度为3000；坐标系默认；“刀具参数”为直径16 mm刀；“几何”默认。最后单击“确定”按钮。

按照左下角提示，鼠标左键单击“轮廓曲线”，选择矩形轮廓的上边线条（如图1-6-37所示），鼠标左键点击左侧绿色箭头方向，后选择岛屿曲线，单击圆形左侧线条选择上方的箭头（如图1-6-38所示），点击鼠标右键（如图1-6-39所示）。

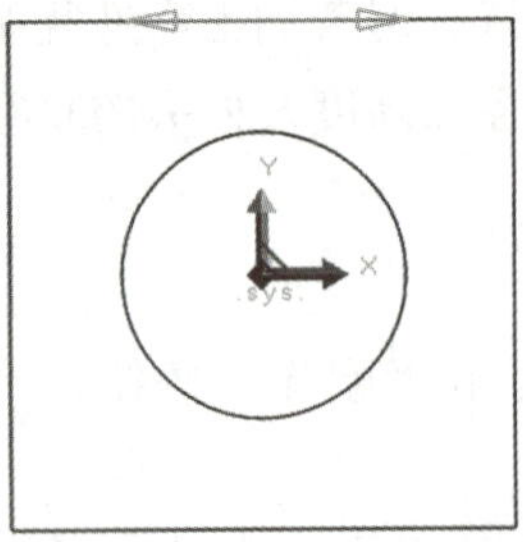

图1-6-37　鼠标左键点击矩形轮廓上边

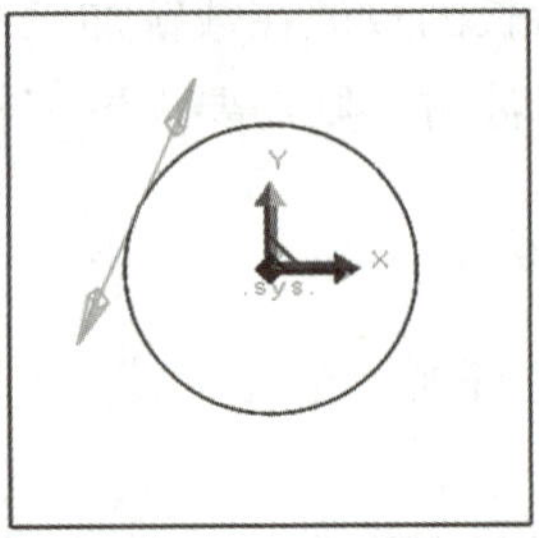

图1-6-38　单击圆形左侧线条上方箭头

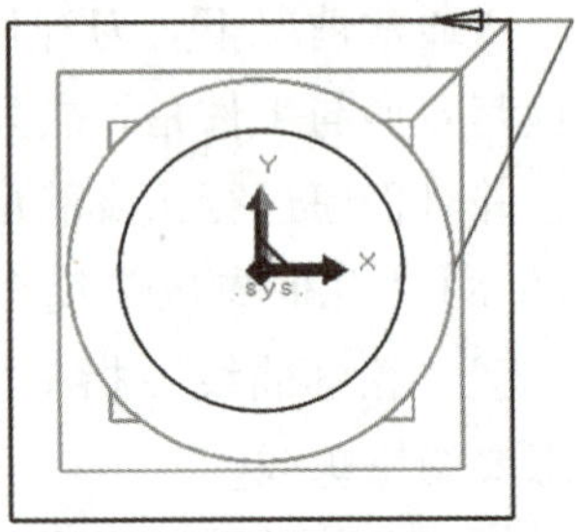

图1-6-39　点击鼠标右键后的效果（一）

鼠标左键选择“二轴加工”命令，选择“平面轮廓精加工”，“加工参数”如图1-6-40所示；“接近返回”如图1-6-41所示，“下刀方式”如图1-6-42所示；“切削用量”中主轴转速为3000，慢速下刀速度为100，切入切出连接速度为500，切削速度为1000，退刀速度为3000；“坐标系”参数默认；“刀具参数”为直径16 mm铣刀；“几何”参数默认。设置后，单击“确定”按钮。

图1-6-40　“加工参数”设置（二）

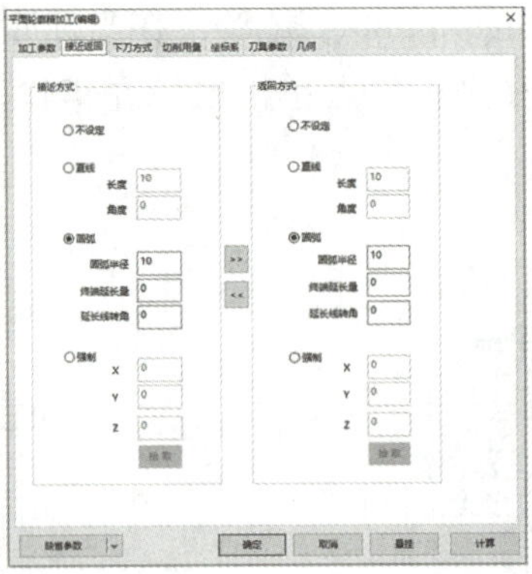

图1-6-41　“接近返回”设置（二）

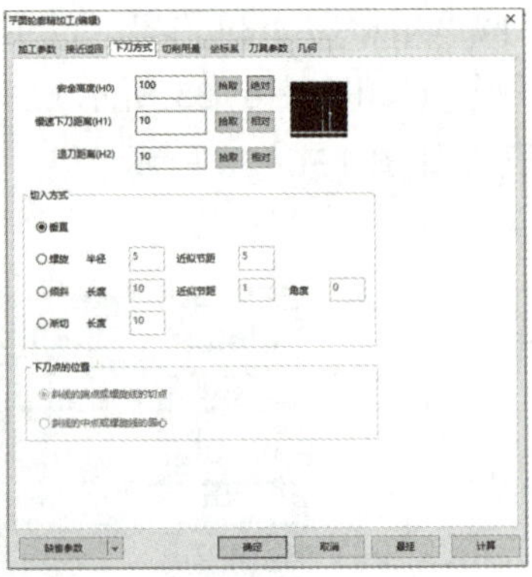

图1-6-42　“下刀方式”设置（二）

单击“轮廓曲线”，选择圆形上边线条部分，按照线条指示选择右边箭头方向（如图 1-6-43 所示），单击三次右键（如图 1-6-44 所示）。

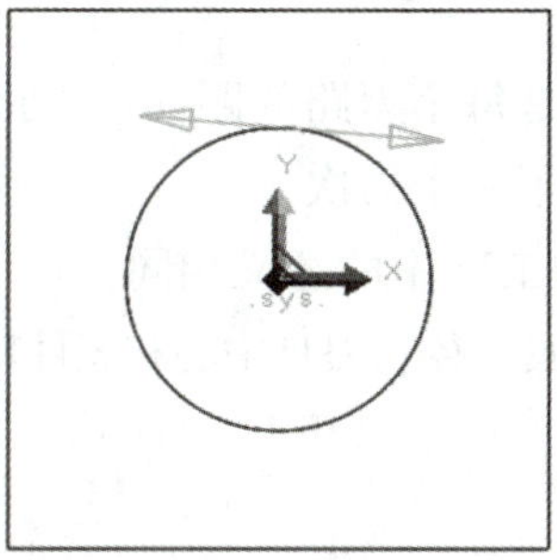

图 1-6-43　选择右边箭头方向

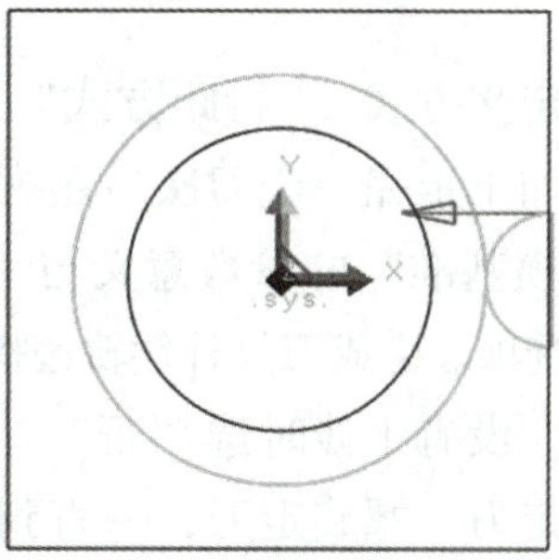

图 1-6-44　单击三次右键

在“刀具轨迹”列表里按住“Ctrl”键单击下面的“平面区域粗加工”和“平面轮廓精加工”。单击鼠标右键，选择“后置处理”的“生成 G 代码”（如图 1-6-45 所示），选择数控系统。

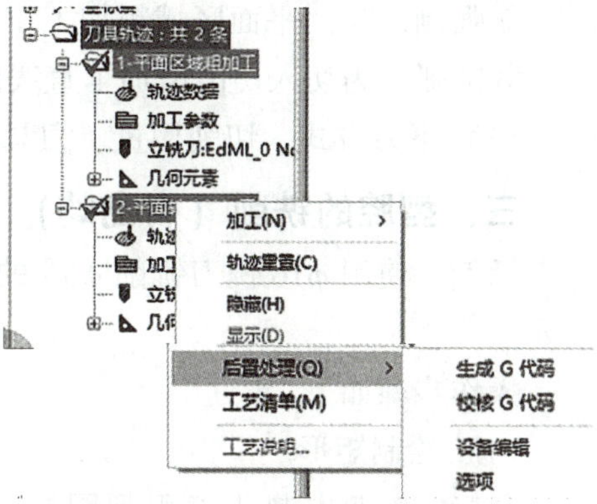

图 1-6-45　生成 G 代码（二）

2. “平面轮廓精加工”各命令条参数简介

（1）“加工参数”简介。

①加工精度。控制拟合点的步距，精度越高，步距越短，程序段越多，加工所拟合的圆弧越圆，一般默认即可。

②顶层高度。距离工件表面的距离。

③拔模斜度。斜度范围是 0～89. 99，只能为正值，所生成的刀路轨迹为带拔模角度的。

④底层高度。指加工深度。

⑤刀次。精加工刀路为 1 次；多个刀次时，需要与行距配合使用，行距为 7，则每 7 mm 生成 1 个刀次。

⑥每层下降高度。指每一层的切削深度。

⑦偏移方向。左偏为选择刀具方向时，若是外轮廓，则选择顺时针点击箭头方向，使用的是左刀补，是顺铣；右偏为选择刀具方向时，若是外轮廓，则选择逆时针点击箭头方向，使用的是右刀补，是逆铣。

⑧拐角过渡方式。尖角是走刀时，两条垂直的刀具轨迹是成直角变换方向的；“圆弧”是走刀时，两条垂直的刀具轨迹是圆弧过渡方式变换方向的。

⑨走刀方式。单向是从刀具轨迹的起点进刀，到刀具轨迹的终点抬刀，返回到下一条刀路轨迹的起点，然后再次进刀；往复是从刀具轨迹的起点进刀，到刀具轨迹的终点

后，不抬刀，直接从下一条刀路轨迹的终点走到起点，中间不抬刀。

⑩偏移类型。“ON”为刀具中心轨迹在工件上；“PAST”为刀具中心轨迹在工件外侧距离工件一个半径的距离；“TO”为刀具中心轨迹在工件内侧距离工件一个半径的距离。

⑪行距定义方式。“行距方式”为指定的行距是每个刀路的距离；“余量方式”为平面轮廓精加工走完一个刀次后还剩多少余量留给下一个刀次。

⑫“拔模基准”的参数意义与“平面区域粗加工”中的意义相同。

⑬其他选项。生成刀具补偿轨迹指的是不考虑刀具半径、刀具中心和工件轮廓重合。

⑭抬刀。没有干涉时选“否”。

⑮层间走刀。螺旋走刀，一直到工件的深度。

（2）“接近返回”简介。

①直线。与“平面区域粗加工”的一致。

②强制。与“平面区域粗加工”的一致。

③圆弧。为切入切出增加了直线段和直线段的转角。

（3）下刀方式、切削用量、刀具参数、几何与“平面区域粗加工”的一致。

三、型腔的铣削（有岛屿）

示例：使用 ϕ16 铣刀铣削 ϕ55 的内腔和 10×10 的岛屿。待加工型腔如图 1-6-21 所示。

操作步骤如下。

（1）绘制矩形。

鼠标左键双击制造工程师图标，点击“曲线”命令，点击“矩形”命令，点击“两点矩形”下拉菜单，设定矩形长 80、宽 80，在坐标原点单击鼠标左键，再次使用“矩形”命令，在坐标原点绘制一个 10×10 的矩形。

点击“圆形”命令，在坐标原点单击鼠标左键输入半径“22.5”后，按“回车”键。

（2）CAM 编程。

鼠标左键点击“加工”命令，点开“二轴加工”命令，左键单击“平面区域粗加工”。“加工参数”设置：选择环切加工，从外向里，拐角过渡方式是圆弧，轮廓余量 0.1、补偿“TO”，岛屿余量 0.1、补偿“TO”，顶层高度 0，底层高度 10，每层下降高度 1，行距 8，加工精度 0.1。“清根参数”设置：轮廓不清根，岛清根选择清根，清根余量 0.1，清根进退刀方式为垂直。“接近返回”设置：不设定。“下刀方式”设置：安全高度 100，慢速下刀距离 5，退刀距离 0，切入方式选择螺旋，半径 2，近似螺距 2，其他默认。“切削用量”设置：主轴转速 3000，慢速下刀 1000，切入切出连接速度 1000，切削速度2000，退刀速度 2000。“坐标系”设置：默认。“刀具参数”设置：刀具 ϕ16，刀具类型立铣刀，其他默认。“几何”设置：默认。单击“确定”按钮。

按照左下角提示，鼠标左键单击“轮廓曲线”，选择圆形内轮廓的上边线条（如图

1-6-46 所示），鼠标左键点击左侧绿色箭头方向，选择岛屿矩形曲线上方，单击右侧方向箭头（如图 1-6-47 所示），点击右键（如图 1-6-48 所示）。

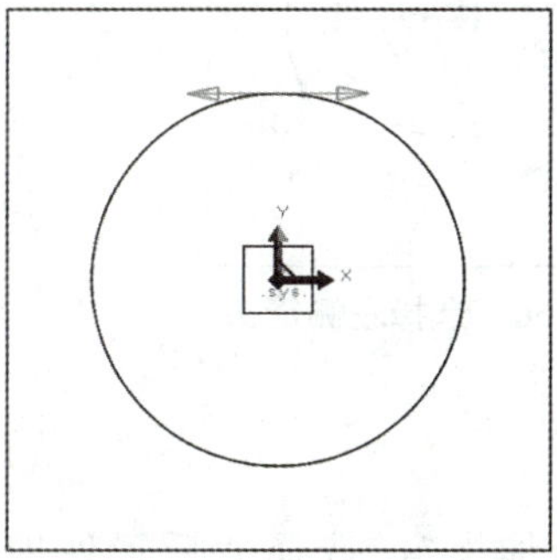

图 1-6-46 鼠标左键点击圆形轮廓上边

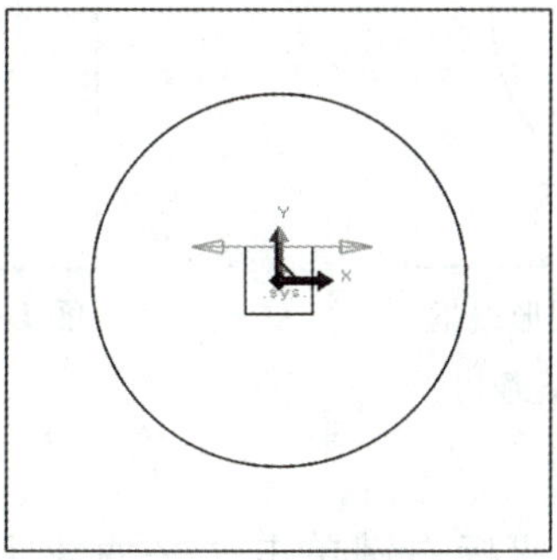

图 1-6-47 单击右侧方向箭头

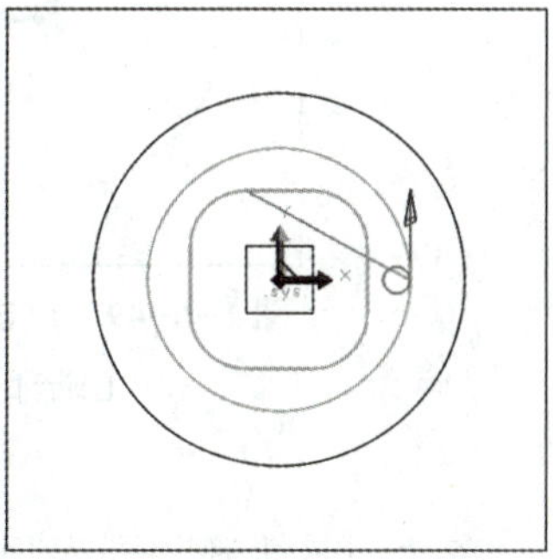

图 1-6-48 点击鼠标右键后的效果（二）

分别用平面轮廓精加工精铣 10×10 岛屿和 ϕ55 内腔，按住“Ctrl”键，在“刀具轨迹”列表中单击选择“平面区域粗加工”和“平面轮廓精加工”。单击鼠标右键，选择“后置处理”的“生成 G 代码”，选择数控系统。

四、型腔的铣削（无岛屿）

示例：使用 ϕ16 铣刀铣削 80×80 的平面和加工 ϕ55 的圆腔。待加工型腔如图 1-6-20所示。

操作步骤如下。

（1）绘制矩形。

鼠标左键双击制造工程师图标，点击“曲线”命令，点击“矩形”命令，点击“两点矩形”下拉菜单，设定矩形长 80、宽 80，在坐标原点单击鼠标左键，点击“圆形”命令，在坐标原点单击鼠标左键输入半径“22.5”后，按“回车”键，如图 1-6-36 所示。

（2）CAM 编程。

鼠标左键点击“加工”命令，点开“二轴加工”命令，左键单击“平面轮廓精加工”。

“加工参数”设置：顶层高度 2，底层高度-10，每层下降高度 1，刀次 3，加工精度 0.01，拐角过渡是圆弧，偏移方向是左偏，偏移类型是“TO”，行距是 8，抬刀为“否”，层间走刀是螺旋。“接近返回”设置：不设定。“下刀方式”设置：安全高度 100，慢速下刀距离 5，退刀距离 0，切入方式为垂直。“切削用量”设置：主轴转速 3000，慢速下刀 100，切入切出连接速度 500，切削速度 1000，退刀速度 2000。“坐标系”设置：默认。“刀具参数”设置：刀具为 ϕ16，刀具类型立铣刀，其他默认。“几何”设置：默认。单击“确定”按钮。

单击轮廓曲线，点击圆形线框上端部分线条，出现箭头，如图 1-6-49 所示，依照箭头方向选择左侧箭头，如图 1-6-50 所示。

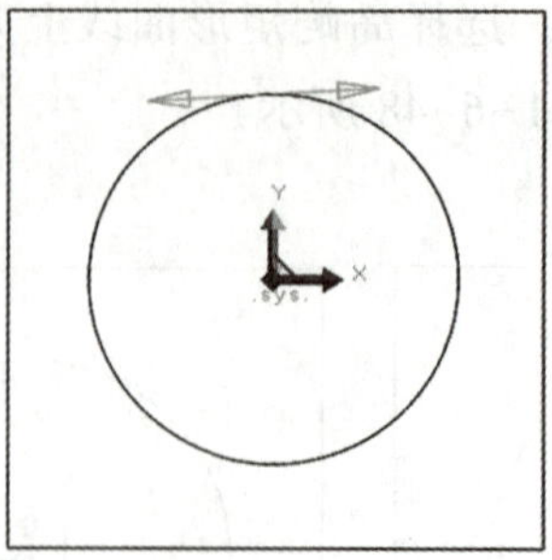

图 1-6-49　点击圆形线框上端部分线条

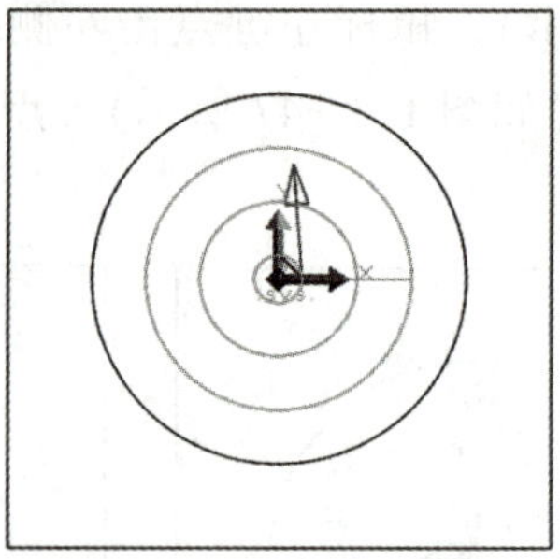

图 1-6-50　选择左侧箭头

在“刀具轨迹”列表里，鼠标右键单击“平面轮廓精加工”，选择“后置处理”的“生成 G 代码”，选择数控系统。

五、球面的铣削

示例：使用 $\phi10$ 球头刀加工 *SR*25 的球面。待加工球面如图 1-6-51 所示。

操作步骤如下。

（1）绘制矩形。

鼠标左键双击制造工程师图标，点击左下角“特征管理”，右键单击“平面 XY”的“创建草图”（如图1-6-52 所示），在“曲线”任务栏里选择“矩形”命令，在坐标原点绘制一个 80×80 的矩形。按“F2”键退出草图。按键盘“F8”键显示轴测图（如图 1-6-53 所示），点击特征任务栏里的“拉伸增料”命令（），选择刚创建好的草图 0，并如图 1-6-54 所示设置后，点击“确定”按钮，生成如图 6-55 所示工件图形。

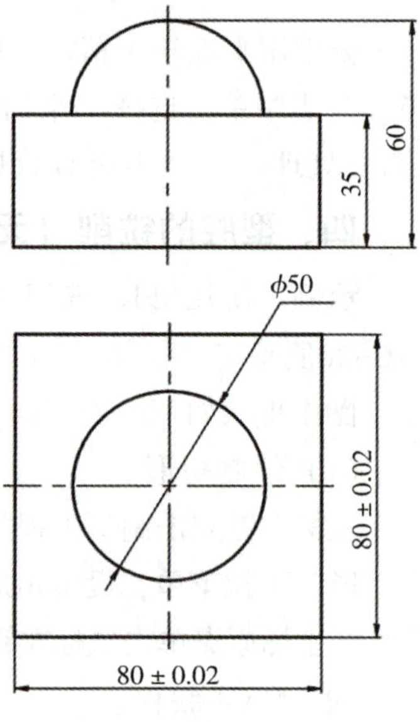

图 1-6-51　球面

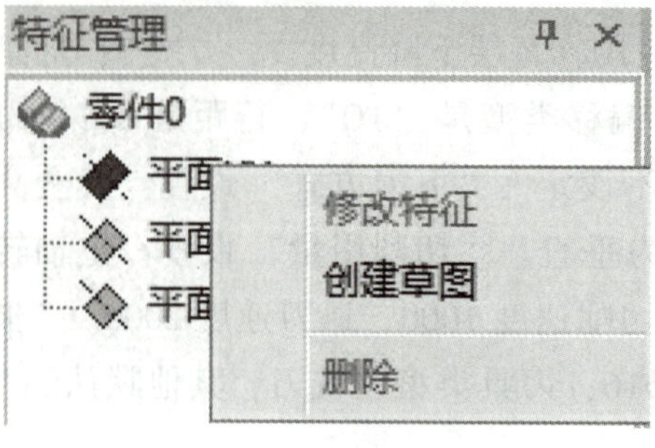

图 1-6-52　创建草图

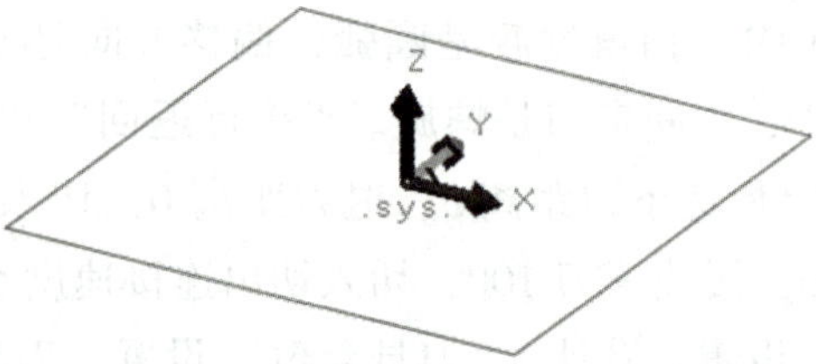

图 1-6-53　轴测图

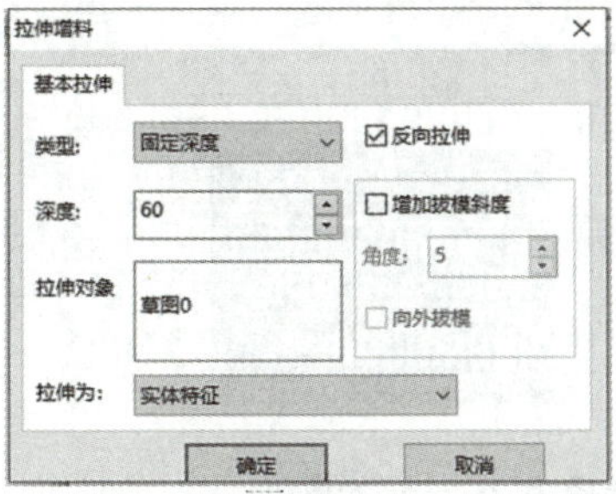

图 1-6-54　“拉伸增料”设置（一）

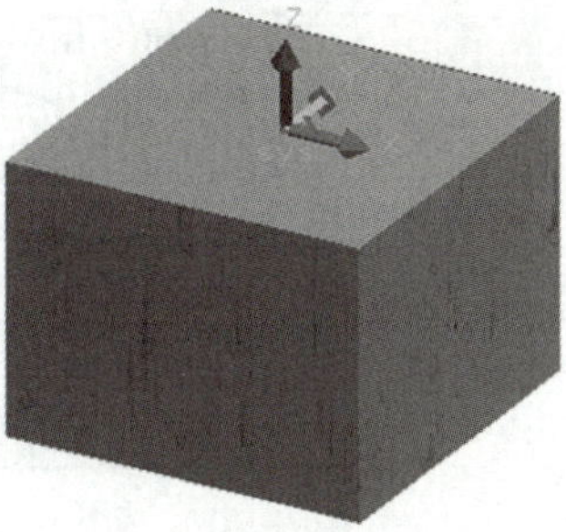

图 1-6-55　工件图形

点击显示任务栏里的“YZ 正视图”（如图 1-6-56 所示），在左下角“特征管理”页面中，鼠标右键点击“平面 YZ”的“创建草图”，在“曲线”任务栏里使用“直线”功能，如图 1-6-57 所示在坐标系 Y 轴负方向绘制一条 25 mm 长的直线，在直线的下端点使用“圆形”命令绘制一个半径为 25 mm 的圆（如图 1-6-58 所示）。

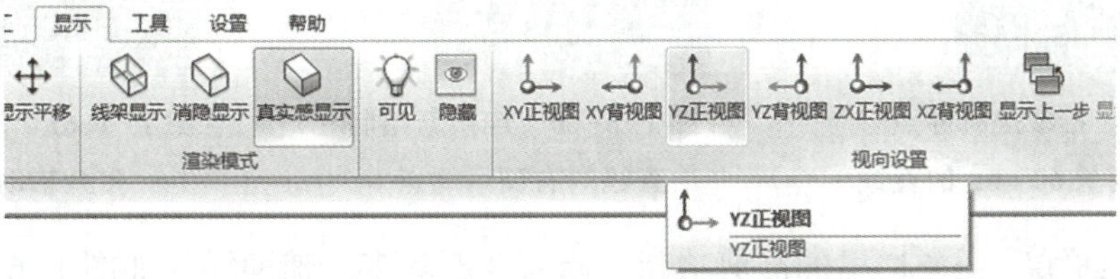

图 1-6-56　YZ 正视图

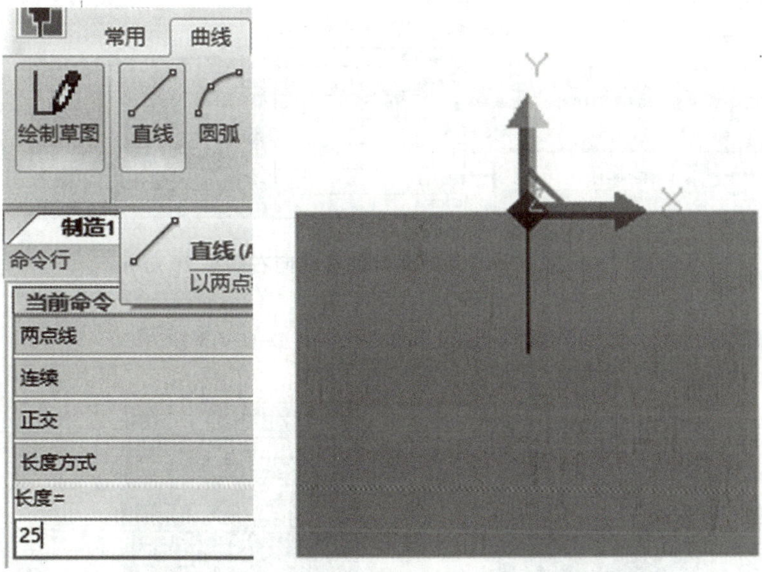

图 1-6-57　Y 轴负方向绘制一条 25 mm 长的直线

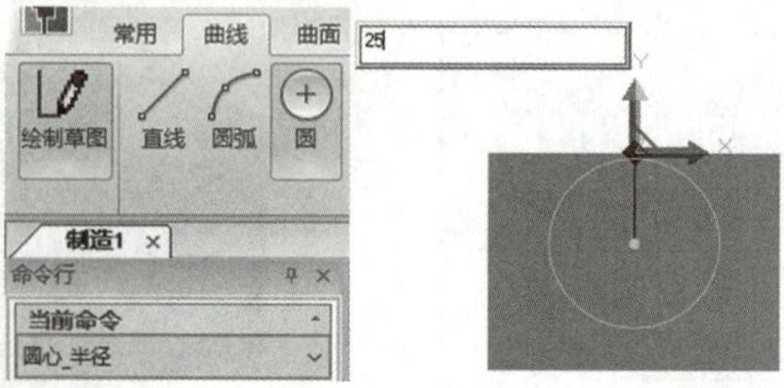

图 1-6-58　绘制一个半径为 25 mm 的圆

使用“曲线”命令，选择直线，拾取圆心向右绘制长 60 的直线，拾取坐标原点向右绘制长 60 的直线（如图 1-6-59 所示），选择直线，然后连接新绘制直线的右侧两端点，如图 1-6-60 所示。

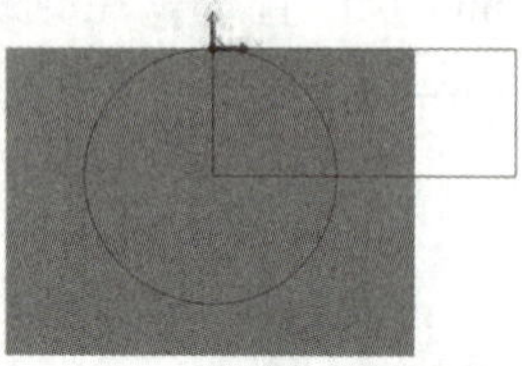

图 1-6-59　拾取坐标原点向右绘制长 60 mm 的直线

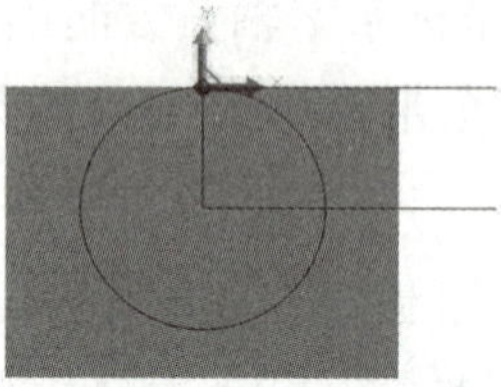

图 1-6-60　连接新绘制直线的右侧两端点

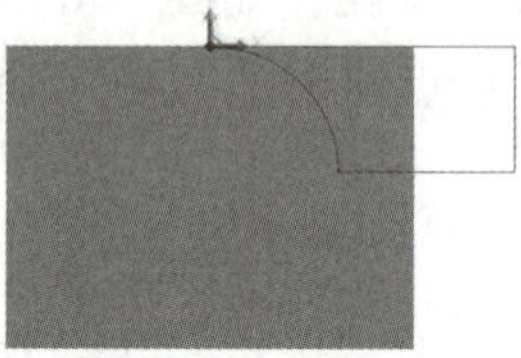

图 1-6-61　修剪及删除多余辅助线

使用“曲线”任务栏里的修剪功能，修剪及删除多余辅助线，如图 1-6-61 所示。

使用“等距”命令，把右侧裁剪好的直线向右偏移 20 mm，如图 1-6-62 所示。

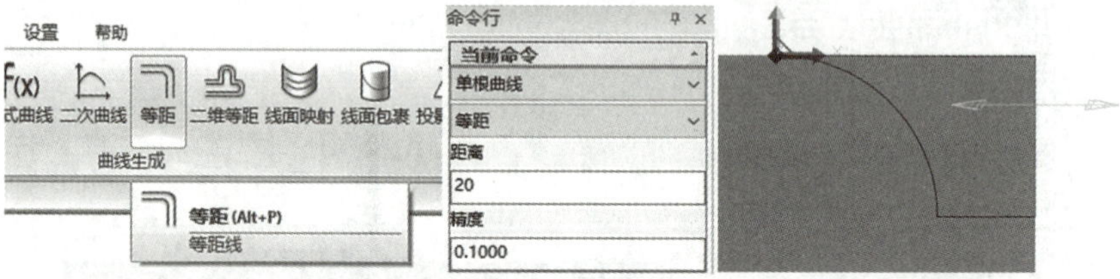

图 1-6-62　将右侧裁剪好的直线向右偏移 20 mm

使用“曲线拉伸”功能连接等距的直线，如图 1-6-63 所示。

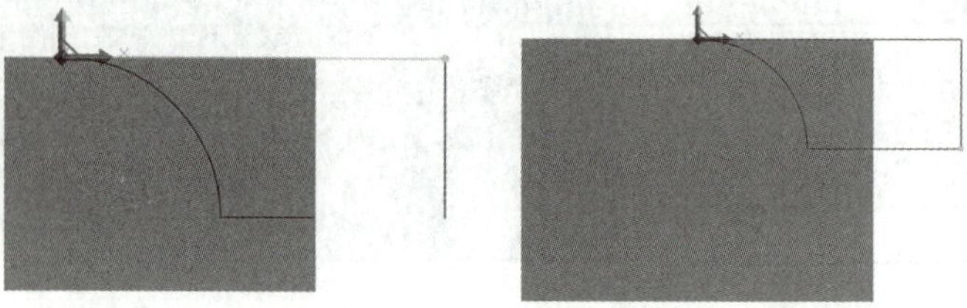

图 1-6-63　连接等距直线

按“F2”键退出草图。使用“直线”命令，沿 X 轴负方向绘制一条正交直线，用于轴线（如图 1-6-64 所示），按键盘“F8”键显示轴测图，选择特征任务栏里“旋转除料”命令，按照图 1-6-65 所示设置“草图 2”，并选择“草图 2”和绘制好的轴线，如图 1-6-66 所示。

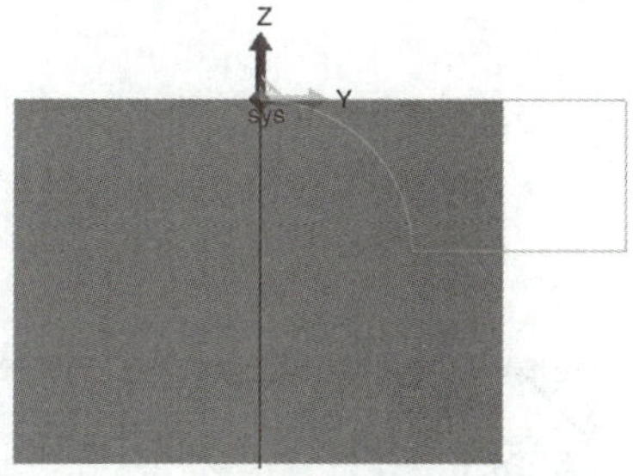

图 1-6-64 绘制正交直线用于轴线

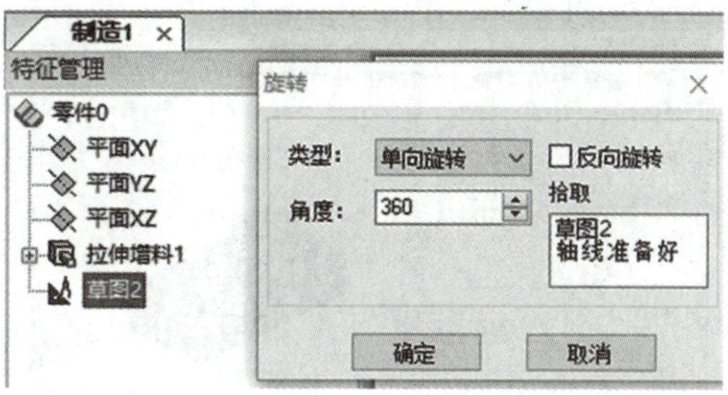

图 1-6-65 设置“草图 2”

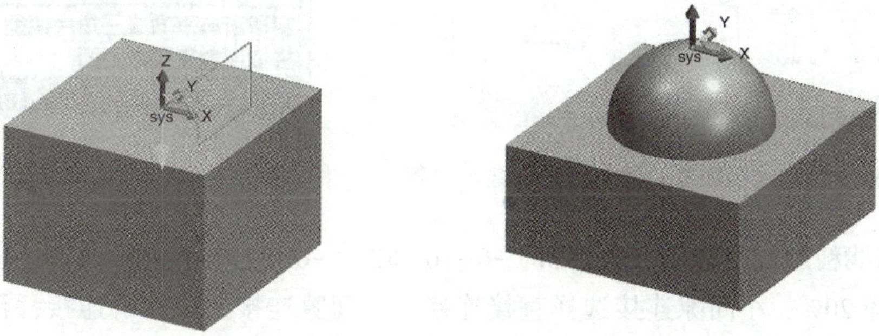

图 1-6-66 选择“草图 2”和绘制好的轴线

（2）CAM 编程。

选择左下角“轨迹管理”页面，右键点击“定义毛坯”，点击“参照模型”后单击“确定”按钮，使用加工任务栏的“等高线粗加工”命令进行预开粗，如图 1-6-67 所示。

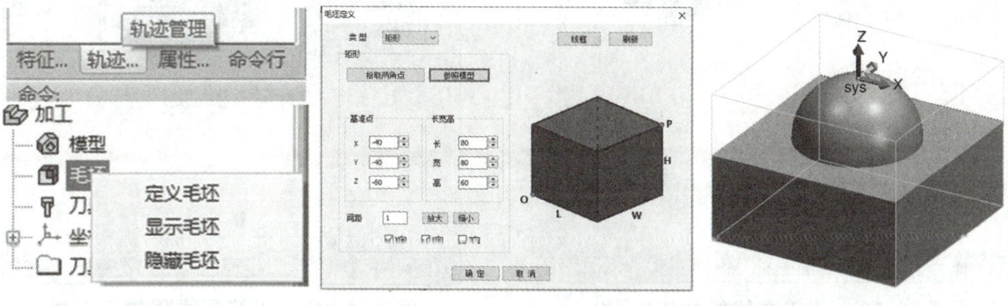

图 1-6-67 “定义毛坯”过程

使用加工任务栏的“等高线粗加工”命令进行开粗，“加工参数”设置如图 1-6-68

所示，加工曲面选择工件表面，轮廓选择 80×80 矩形。其他参数默认，刀具设为 ϕ16 铣刀，使用曲面任务栏中“实体表面”命令（实体表面）里的“拾取表面”功能提取实体模型球面的片体，如图 1-6-69 所示。

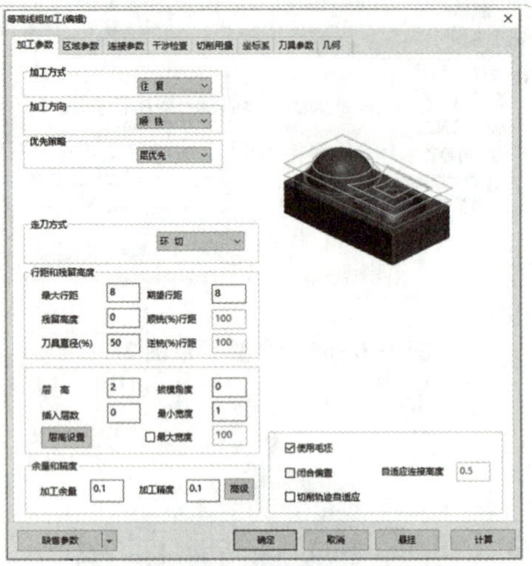

图 1-6-68 “等高线粗加工”的“加工参数”设置

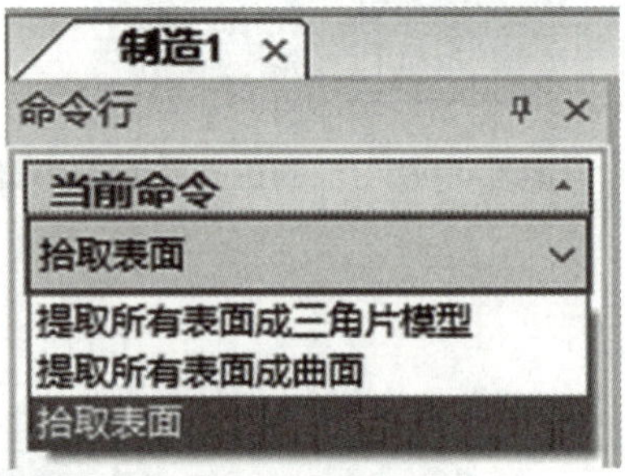

图 1-6-69 “拾取表面”功能

“等高线精加工”命令参数如图 1-6-70 和图 1-6-71 所示进行设置，连接参数间隙阈值选择 20%，小间隙连接选择直接连接，大间隙连接选择光滑连接，行间连接行间距阈值 110%，小行间连接直接连接，大行间连接光滑连接，选择 10 mm 球刀作精加工，最后点击“确定”按钮。

图 1-6-70 “等高线精加工”的“加工参数”设置

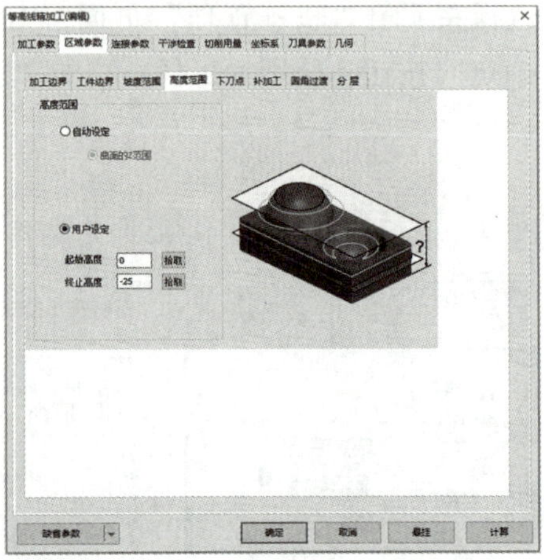

图 1-6-71 “等高线粗加工”的“区域参数”设置

鼠标右键点击编制好的“等高线粗加工”与“等高线精加工”，分别选择“后置处理”的“生成 G 代码”。

六、斜面的铣削

示例：使用 $\phi16$ 铣刀铣削斜面。待加工斜面如图 1-6-72 所示。

操作步骤如下。

（1）绘制图形。

鼠标左键双击制造工程师图标，点击左下角“特征管理”，鼠标右键点击“XY 平面”创建草图，使用“矩形”命令在坐标系原点绘制一个长 60、宽 60 的正方形。

按“F2”键退出草图，在特征命令条下点击“基准面”命令（），选取“平面 XY”创建等距10 mm的新平面，如图 1-6-73 所示。在新创建的平面上创建草图，在草图坐标原点用“矩形”命令绘制长 70、宽 70 的正方形。在特征命令条里选择“放样增料”命令（），如图 1-6-74 所示选择上述步骤创建的两个草图。点击之前创建好的平面，新建草图，并在草图坐标原点绘制长 80、宽 80 的矩形。

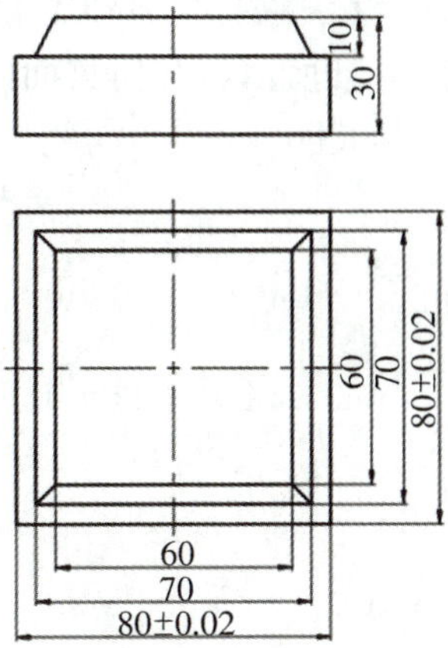

图 1-6-72　斜面

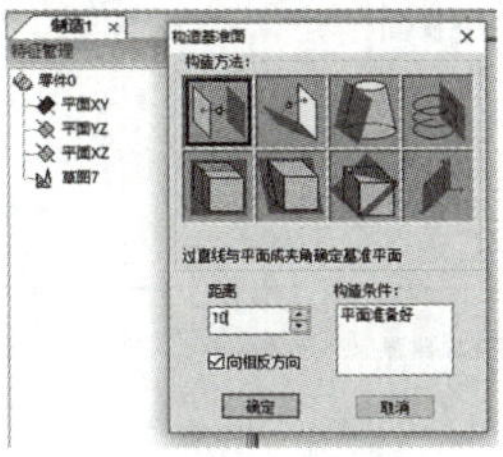

图 1-6-73　创建等距 10 mm 的新平面

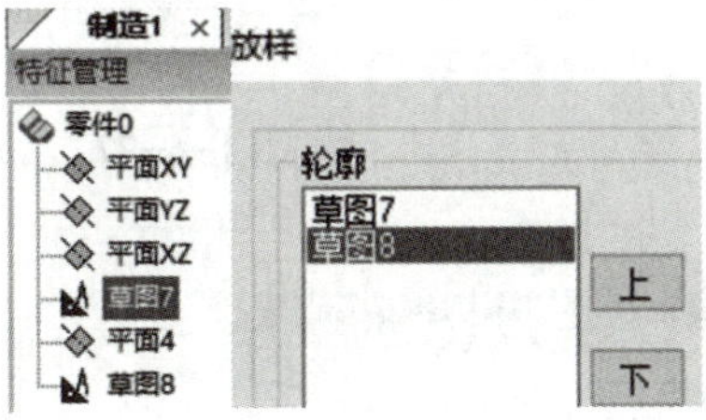

图 1-6-74　选择创建的草图 7 和草图 8

选择特征任务栏的“拉伸增料”命令，对刚创建的草图设置参数进行拉伸，如图 1-6-75和图 1-6-76 所示。

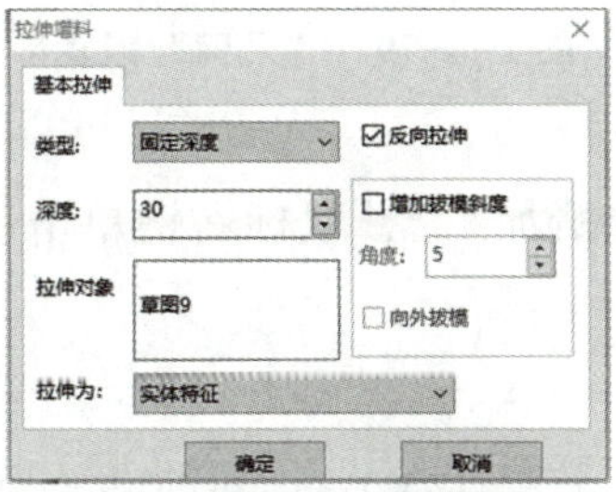

图 1-6-75　“拉伸增料”设置（二）

图 1-6-76　“拉伸增料”设置后草图

（2）CAM 编程。

选择“等高线粗加工”命令对工件进行开粗，刀具选择直径为 16 mm 铣刀其他参数设置和球面加工一致。使用“实体表面”命令的“拾取表面”功能拾取实体模型四个斜面，提取出四个斜面的片体，选择加工任务栏内“参数线精加工”命令（参数线精加工）对四个斜面进行精加工，参数设定如图 1-6-77、图 1-6-78 和图 1-6-79所示，几何页面内加工曲面选择上述步骤提取的四个片体。

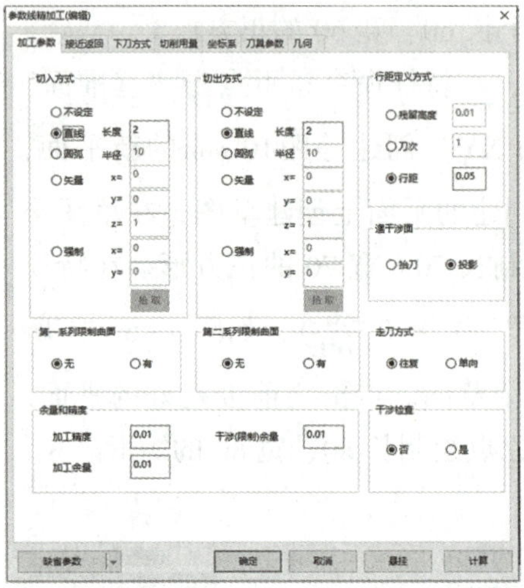

图 1-6-77　“加工参数”设置（三）

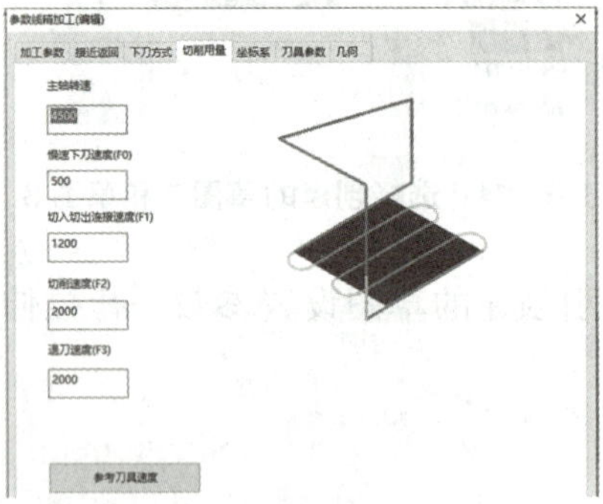

图 1-6-78　“切削用量”设置（三）

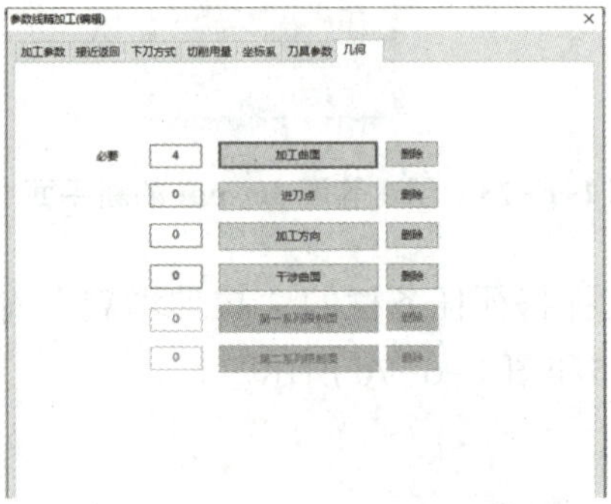

图 1-6-79　“几何”设置

在“轨迹管理”列表里点击编制好的“参数线精加工”，鼠标右键单击“后置处理”的“生成 G 代码”，选择系统确定。

七、倒角的铣削

示例：使用 $\phi 8$ 倒角刀铣加工轮廓倒角。倒角刀需要计算刀具直径，在刀具参数里将刀具直径写小，以此来达到铣削倒角的目的。待倒角工件如图 1-6-80 所示。

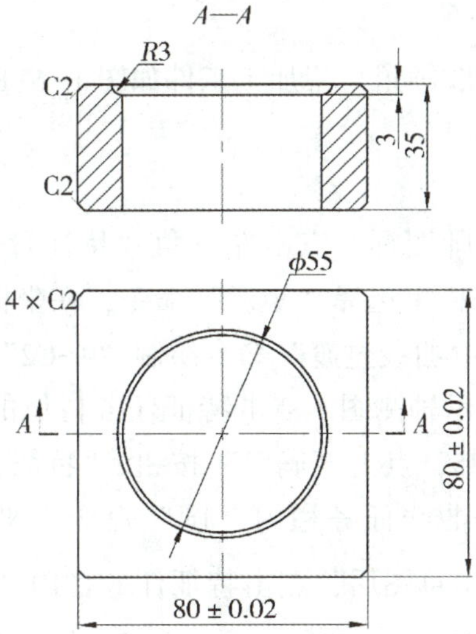

图 1-6-80　工件（一）

操作步骤如下。

（1）绘制图形。

鼠标左键双击制造工程师图标，点击“曲线”按钮，点击“矩形”命令，点击“两点矩形”下拉菜单，设定矩形长 80、宽 80，并在矩形四个交点处使用“曲线过渡”命令绘制“4×C2”的倒角。

（2）CAM 编程。

鼠标左键点击“加工”命令，点开“二轴加工”命令，鼠标左键单击“平面轮廓精加工”命令，选择直径为 8 mm 的 90°倒角刀，底层高度-3，每层下降高度 0.5，接近返回用半径 10 mm 圆弧，主轴转速 3500，慢速下刀 100，切入切出连接速度 500，退刀速度2000，将刀具直径填写成 2 mm，几何页面内轮廓曲线选择轮廓线上段部分直线，沿箭头方向选择右侧箭头（如图 1-6-81 所示），鼠标右键点击“确定”按钮（如图 1-6-82所示）。在“轨迹管理”页面用鼠标右键点击编制好的“平面轮廓精加工”命令，选择“后置处理”的“生成 G 代码”。

图 1-6-81　沿箭头方向选择右侧箭头

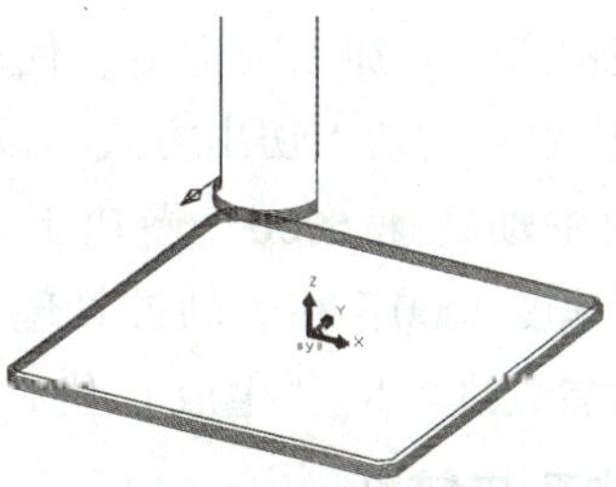

图 1-6-82　鼠标右键点击“确定”按钮

八、R 角的铣削

示例：使用 $\phi4$ 球刀铣 $R3$ 圆角。待加工工件如图 1-6-80 所示。

操作步骤如下。

（1）绘制图形。

鼠标左键双击制造工程师图标，点击左下角“特征管理”，鼠标右键单击“平面 XY”创建草图，在曲线任务栏里选择“矩形”命令，在坐标原点绘制一个 80×80 的矩形，并在矩形四个交点使用“曲线过渡”命令绘制“4-C2”的倒角，按“F2”键退出草图。按键盘上“F8”键显示轴测图。点击特征任务栏里的“拉伸增料”命令，选择创建好的草图 0，深度设置 35，点击“确定”按钮。“特征管理”页面用鼠标右键点击“平面 XY”创建草图。使用曲线任务栏内“圆”命令在坐标系原点创建一个直径为 55 mm的圆。按“F2”键退出草图后，点击特征任务栏内“拉伸除料”（

），进行贯穿拉伸。在“特征管理”列表里用鼠标右键点击“平面 YZ”创建草图。按“F5”键查看主视图，使用“直线”命令沿 X 轴正方向绘制一条长 27.5 mm 的直线。在直线端点用“圆”命令绘制一个半径为 3 mm 的圆形，并删除辅助直线，如图 1-6-83 所示。按“F2”键退出草图，在显示任务栏里点击“YZ 正视图”（

）。沿“YZ 正视图”的 Z 轴负方向，以坐标原点为起点绘制一条正交的直线作为旋转轴线（如图 1-6-84 所示），使用特征任务栏内“旋转除料”命令进行设置，选择上述步骤创建的草图与轴线进行旋转除料，完成后，删除辅助线条，如图 1-6-85 所示。使用曲面任务栏里的“实体表面”命令，选择拾取表面，对上述步骤旋转除料完成的 R 角提取片体。

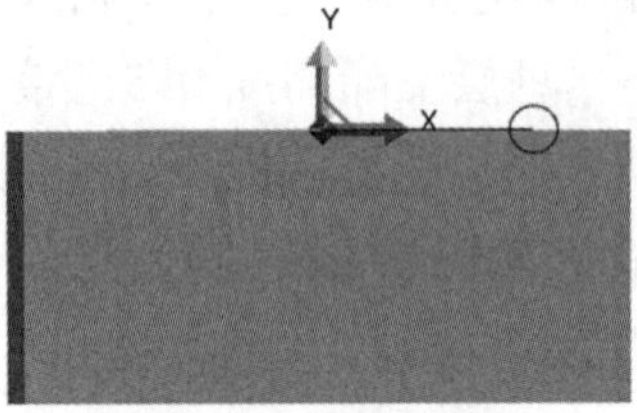

图 1-6-83 绘制半径为 3 mm 的圆形

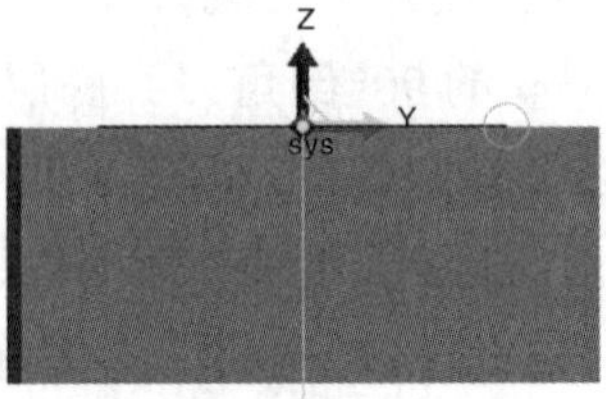

图 1-6-84 绘制一条直线作旋转轴线

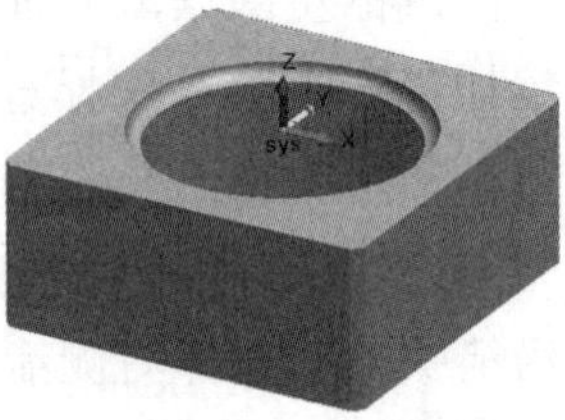

图 1-6-85 旋转涂料

（2）CAM 编程。

鼠标左键点击“加工”命令，使用加工任务栏内的“参数线精加工”命令。

“加工参数”的切入切出方式不设定，行距 0.05；“刀具参数”选择 $\phi4$ 球刀；“切削用量”的主轴转速 6000，慢速下刀速度 500，切入切出连接速度 800，切削速度 1500，退刀速度 2000；在“轨迹管理”列表里点击编制好的“参数线精加工”，鼠标右键单击“后置处理”的“生成 G 代码”。

九、钻孔与铰孔

示例：使用 $\phi4.8$ 的钻头先对四个孔进行预钻孔，使用 $\phi5$ 的铰刀进行铰孔。待钻孔与铰孔工件如图 1-6-86 所示。

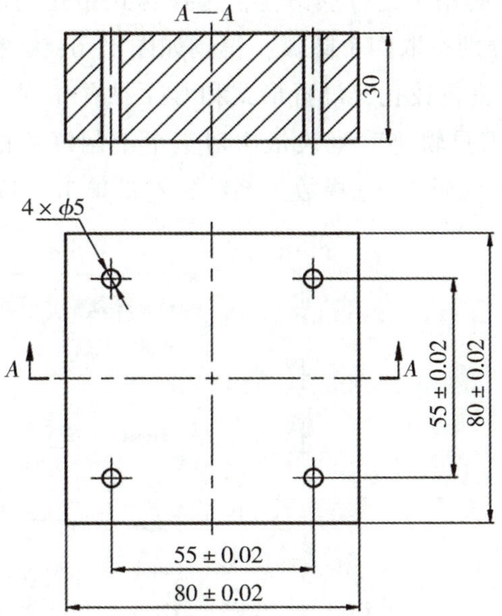

图 1-6-86　工件（二）

1. 操作步骤

（1）绘制矩形。

鼠标左键双击制造工程师图标，点击“曲线”按钮，点击“矩形”命令，点击“两点矩形”下拉菜单，设定矩形长 55、宽 55（如图 1-6-87 所示），在坐标原点单击鼠标左键，如图 1-6-24 所示。

使用“圆形”命令，在矩形四个交点位置上分别绘制四个直径为 6 mm 的圆形（如图 1-6-88所示），并删除绘制的矩形辅助线（如图 1-6-89 所示）。

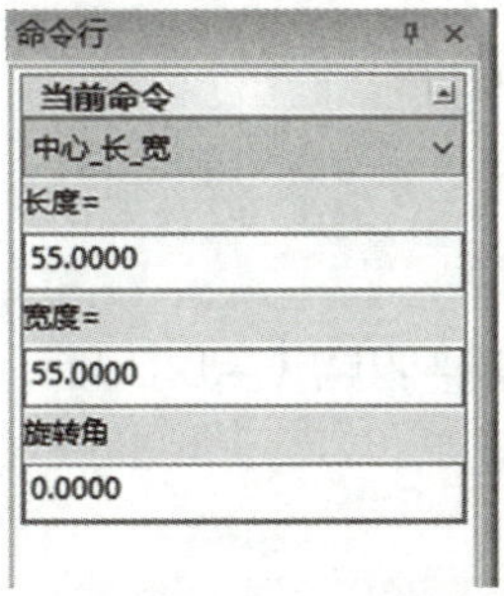

图 1-6-87　设定矩形

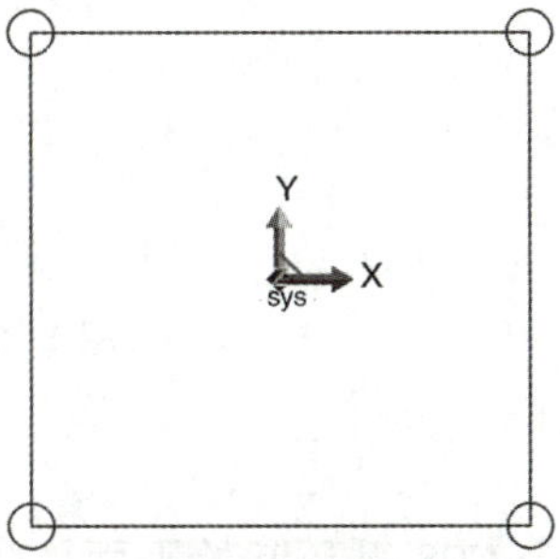

图 1-6-88　绘制四个直径为 6 mm 的圆形

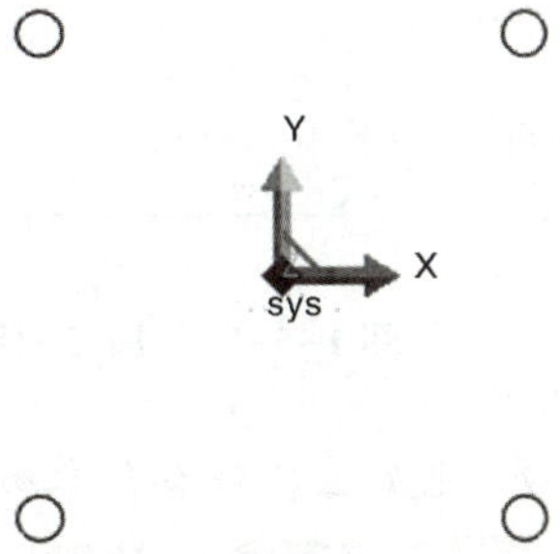

图 1-6-89　删除矩形辅助线

（2）CAM 编程。

点击加工任务栏，选择“孔加工”（）。先使用中心钻进行预打点，使用钻孔功能，如图 1-6-90 所示进行设置，在几何页面里，点击拾取圆弧，依次单击选取四个

圆。使用直径为 4.8 mm 的钻头进行预钻孔，选择啄式钻孔功能如图 1-6-91 所示进行设置，和上述步骤一样分别拾取四个圆弧，得到如图 1-6-92 和图 1-6-93 所示的加工刀路。最后使用 ϕ5 铰刀进行铰孔，设置形式和 G81 钻孔相同，分别拾取四个圆弧后单击“确认”按钮。在“刀具轨迹”列表依次对三个编制好的程序单击鼠标右键，选择“后置处理”的“生成 G 代码”，选择数控系统，左键单击“确定”按钮。

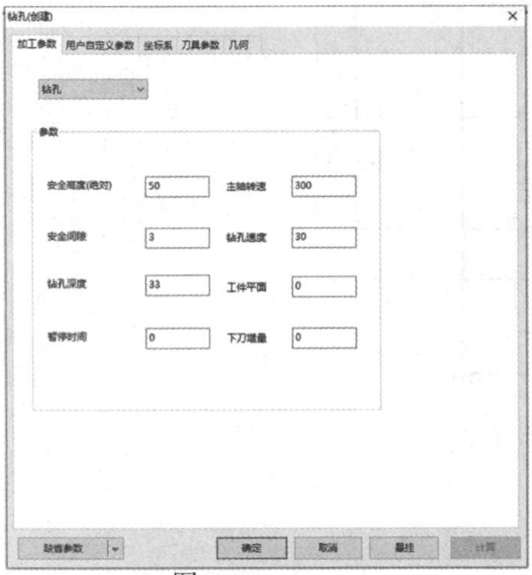

图 1-6-90 “钻孔”的“加工参数”设置（一）

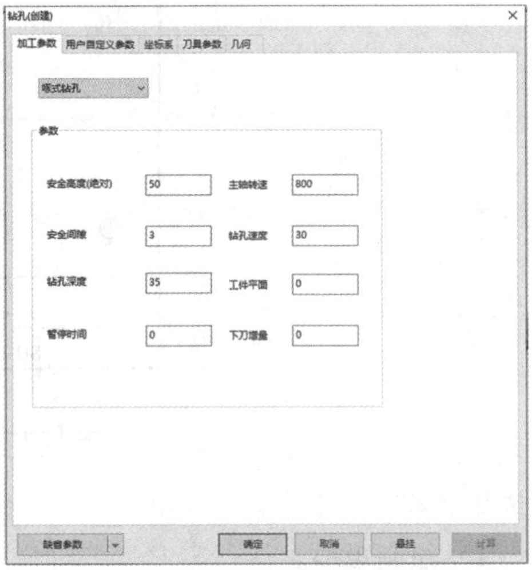

图 1-6-91 “钻孔”的“加工参数”设置（二）

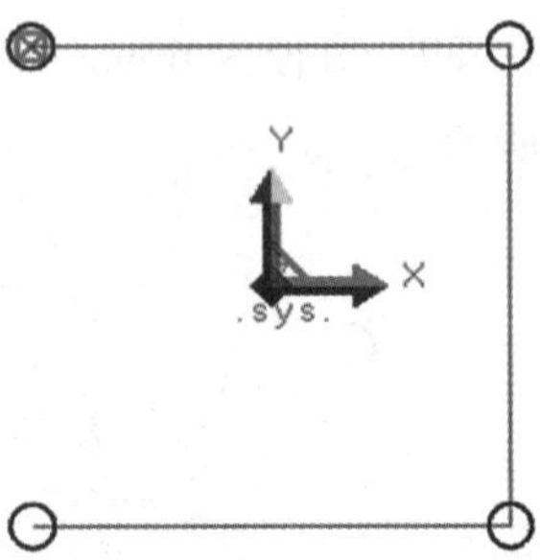

图 1-6-92 加工刀路（一）

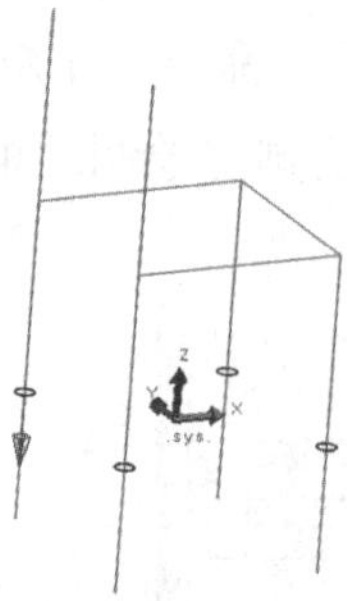

图 1-6-93 加工刀路（二）

2. 孔加工各命令条参数简介

（1）安全高度（绝对）：为指令 G98 循环起始平面。

（2）安全间隙：为指令 G99 循环平面，也叫安全平面、R 平面。

（3）钻孔深度：指工件零表面到孔底的数值。

（4）暂停时间：指钻头在孔底暂停时间。

（5）主轴转速：主轴转速，铰孔时为 100 r/min。

（6）钻孔速度：钻孔进给速度为 20 mm/min。

（7）工件平面：指钻头起始加工平面。

（8）下刀增量：指啄式钻孔等功能，每次钻头下切深度。

十、镗孔

示例：使用 $\phi16$ 铣刀对 $\phi30$ 孔开粗，使用镗刀对 $\phi30$ 孔进行精加工。待镗孔工件如图 1-6-94 所示。

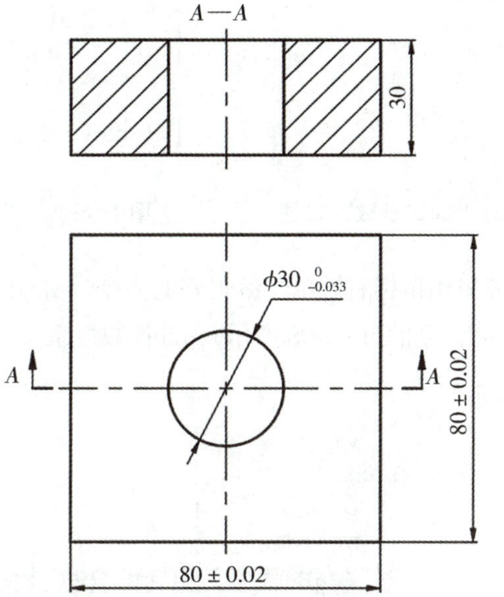

图 1-6-94 工件（三）

1. 操作步骤

（1）绘制矩形。

鼠标左键双击制造工程师图标，点击“曲线”按钮，点击“矩形”命令，点击“两点矩形”下拉菜单，设定矩形长 55、宽 55，在坐标原点单击鼠标左键，使用“圆形”命令在坐标原点单击鼠标左键输入半径“15”后按“回车”键。

（2）CAM 编程。

点击加工任务栏，选择“平面轮廓精加工”。用 $\phi16$ 铣刀对 $\phi30$ 孔进行开粗，在“几何”页面里点击“轮廓曲线”选择圆孔上段部分线段，按照箭头指示点击左侧箭头，右键单击“确定”按钮。

预开粗完成后使用“孔加工”命令，选择镗孔（主轴停）功能进行如图 1-6-95 和图 1-6-96 所示设置。

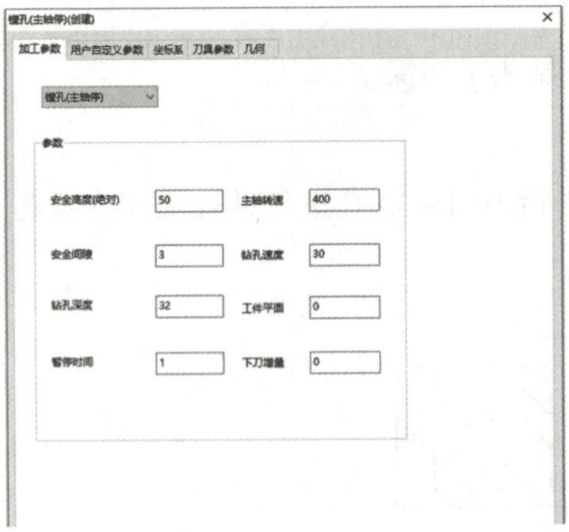

图 1-6-95 “镗孔”的“加工参数”设置

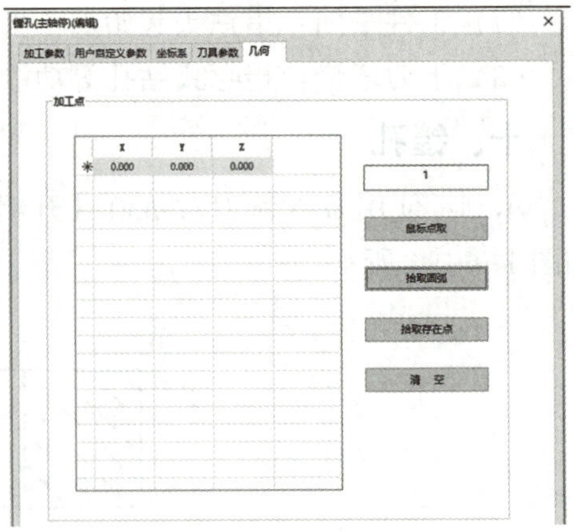

图 1-6-96 “镗孔”的“几何”设置

在“刀具轨迹”列表里用鼠标右键单击编辑好的命令（如图 1-6-97 所示），选择“后置处理”的“生成 G 代码”（如图 1-6-98 所示），选择数控系统（如图 1-6-99 所示）。

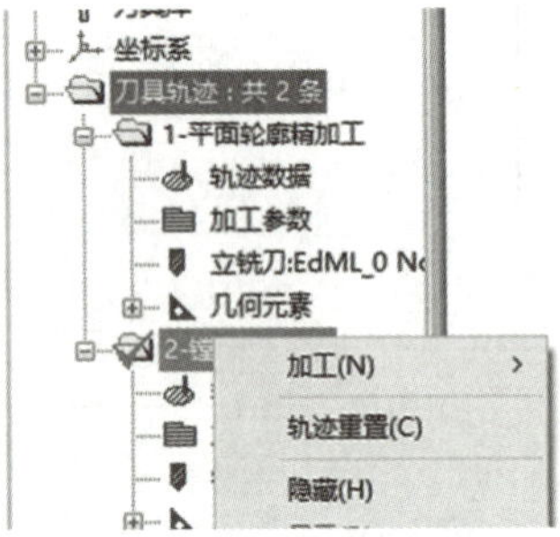

图 1-6-97 “刀具轨迹”列数

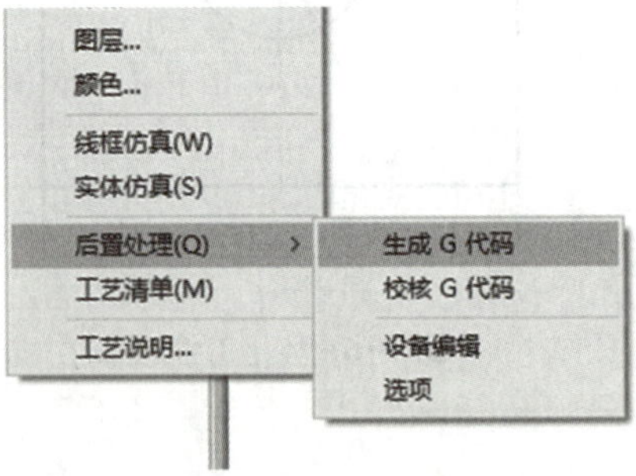

图 1-6-98 生成 G 代码（三）

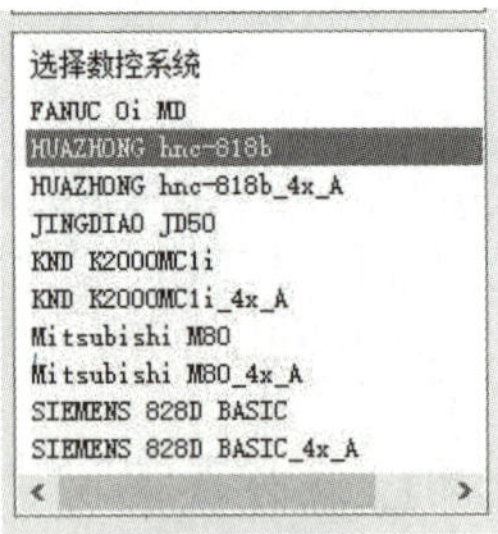

图 1-6-99 选择数控系统（二）

2. 镗孔加工各命令条参数简介

（1）安全高度（绝对）：为指令 G98 循环起始平面。

（2）安全间隙：为指令 G99 循环平面，也叫安全平面、R 平面。

（3）钻孔深度：钻头刀尖到工件底端的深度，钻头前段尺寸是 0. 3 倍的钻头直径。

（4）暂停时间：孔底暂停时间。

（5）主轴转速：转速不宜过高，因为镗刀刀柄较大，若转速过高，转动惯量会加大，会有危险。

（6）镗孔速度：可查阅切削用量表。

（7）工件平面：指钻头起始加工平面。

（8）下刀增量：指啄式钻孔等功能，每次钻头下切深度。

十一、攻丝

示例：使用 $\phi5$ 钻头钻螺纹底孔，用 M6 丝锥攻四个螺纹孔。待攻丝工件如图

1-6-100所示。

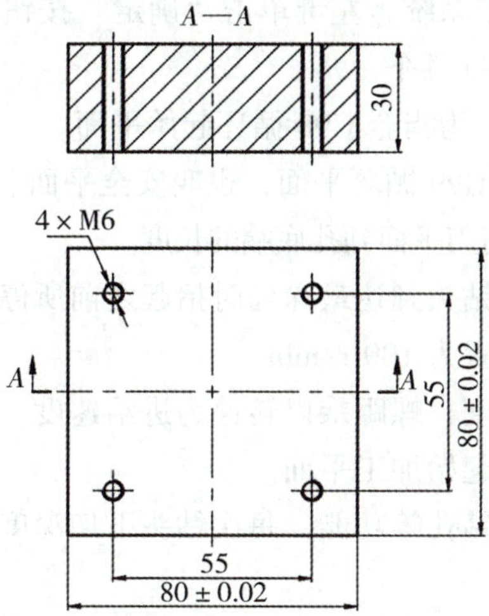

图 1-6-100 工件（四）

1. 操作步骤

（1）绘制矩形。

鼠标左键双击制造工程师图标，点击“曲线”按钮，点击“矩形”命令，点击“两点矩形”下拉菜单，设定矩形长 55、宽 55，在坐标原点单击鼠标左键。使用“圆形”命令在矩形四个交点位置上分别绘制四个直径为 6 mm 的圆形。

（2）CAM 编程。

点击加工任务栏，选择“孔加工”。先使用中心钻进行预打点，使用“钻孔”功能点击“拾取圆弧”，依次单击选取四个圆。使用直径为 5 mm 的钻头进行预钻孔，选择“啄式钻孔”功能分别拾取四个圆弧。

最后使用 M6 丝锥进行攻丝，使用攻丝功能并进行如图 1-6-101 所示设置，分别拾取四个圆弧后单击“确认”按钮，得到如图 1-6-92 和图 1-6-93 所示的加工刀路。

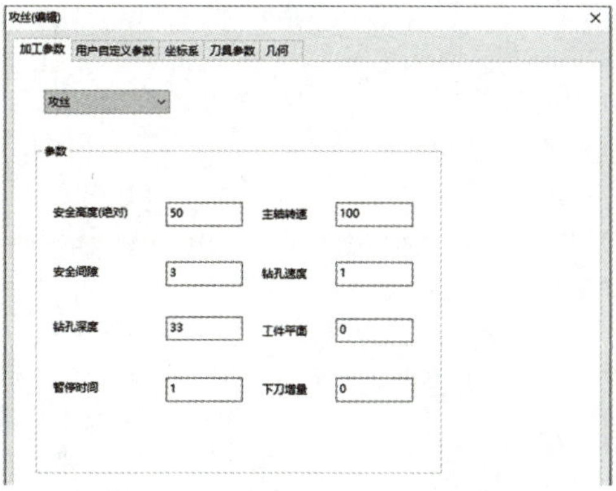

图 1-6-101 “攻丝”的“加工参数”设置

在“刀具轨迹”列表中依次对三个编制好的程序单击鼠标右键，选择“后置处理”的“生成G代码”，选择数控系统，左键单击“确定”按钮。

2. 螺纹加工各命令条参数简介

（1）安全高度（绝对）：为指令G98循环起始平面。

（2）安全间隙：为指令G99循环平面，也叫安全平面、R平面。

（3）钻孔深度：从钻头对刀平面到孔底端的长度。

（4）暂停时间：指的是钻头到达最深处时抬起之前所停留的时间。

（5）主轴转速：一般设置为100 r/min

（6）钻孔速度：攻丝速度，螺距乘以转速为进给速度。

（7）工件平面：指钻头起始加工平面。

（8）下刀增量：指啄式钻孔等功能，每次钻头下切深度。

第二部分

工 作 活 页

项目一

简单零件的铣削加工

项目描述

数控铣削主要利用CAM软件加工具有槽、型腔、斜面、平面、凸台、孔等加工要素的零件；加工中，工艺制订、刀量具选用、切削用量选用、产品质量控制等需要工人具有一定的加工经验。本项目中每个任务按照学生的认知规律设置了不同的铣削要素。

任务一　平行垫块的加工

学习目标

（1）掌握直线插补指令（G01）的基本格式。

（2）掌握零件规方的流程。

（3）能用M98，M99指令编制铣削平面的程序。

（4）掌握试切对刀的方法。

（5）掌握机床操作时的安全操作规程。

任务书

按照图纸（图 2-1-1）要求完成平行垫块的加工，零件毛坯尺寸为 80×40×35，零件数量为 1 件。

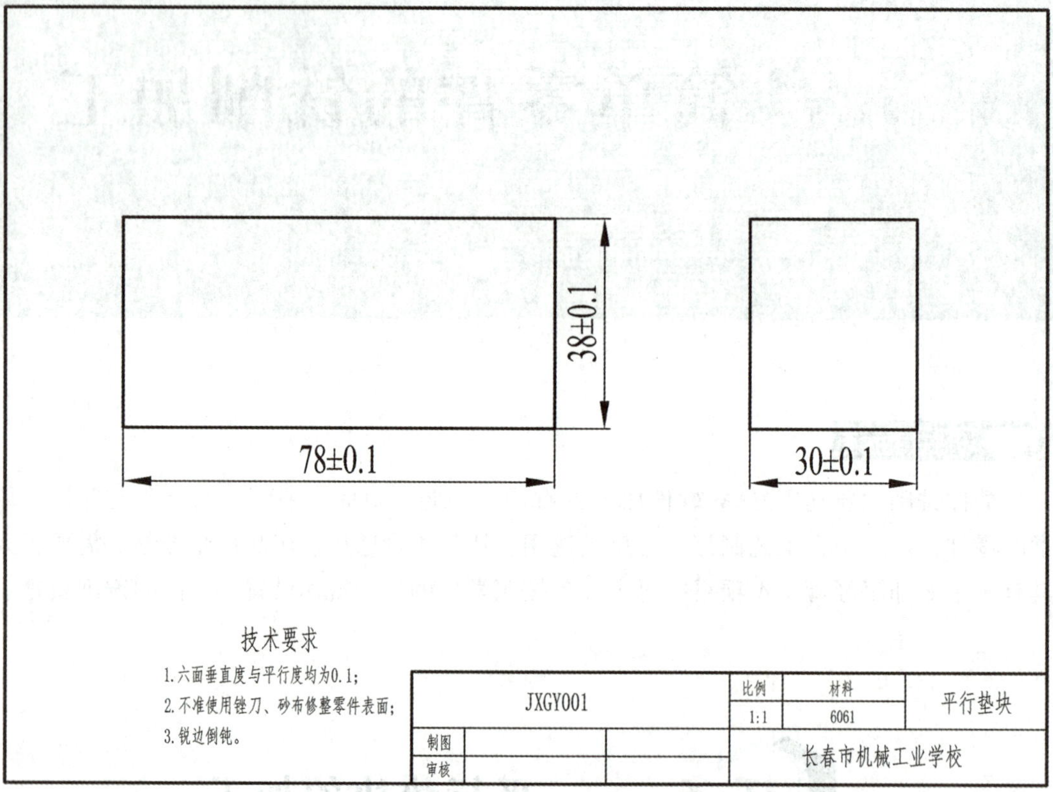

图 2-1-1　平行垫块加工图纸

任务分析与讨论

（1）简述开、关机步骤和遇到紧急情况的处置方法。

（2）简述 ER 弹簧夹头刀柄的特点。

（3）简述 G90 指令与 G91 指令所表达的含义。

分组实施

（1）组长填写“学生任务分配表（一）”（表 2-1-1）。

表 2-1-1 学生任务分配表（一）

班级			组号		指导老师	
组长			学号			
组员	姓名	学号	岗位职责	姓名	学号	岗位职责
任务分工						

（2）数控铣床操作工填写“数控加工工序卡（一）”（表 2-1-2）。

表 2-1-2 数控加工工序卡（一）

单位		机床型号		零件名称		第 页
工序	工序名称		程序编号		备注	
工步号	作业内容	刀具号	刀具名称	主轴转速/($r \cdot min^{-1}$)	进给速度/($mm \cdot r^{-1}$)	背吃刀量/mm

任务检查与记录

将平行垫块评分所测结果填入表 2-1-3 中。

表 2-1-3　平行垫块零件评分表

班组名称			定额时间		总分	
序号	评价项目	评分内容	配分	评分标准	实测	得分
1	长度	78±0.1	20	超差 0.01 扣 5 分		
2	宽度	38±0.1	20	超差 0.01 扣 5 分		
3	高度	30±0.1	20	超差 0.01 扣 5 分		
4	平行度	0.1	20	超差 0.01 扣 5 分		
5	锐边倒钝	锐边倒钝	20	无倒角相应扣分		
6	安全文明生产	安全文明生产的有关规定		违反规定扣总分 1~5 分		

任务评价

根据对零件的加工过程、零件的检测结果、加工过程中存在的问题填写提交平行垫块加工项目评价单（表 2-1-4）。

表 2-1-4　平行垫块加工项目评价单

任务名称		姓名		班级		
评价项目	考核要求	分值	自评	小组评价	教师评价	得分
应知应会	1. 零件图分析	5				
	2. 制订加工工艺	5				
	3. 工件定位与装夹	5				
	4. 刀具及切削用量的选择	5				
	5. 铣削平面程序的编制	10				
技能能力	1. 能完成对刀操作	5				
	2. 能正确选用刀具	5				
	3. 设备使用情况，有无调整，效果如何	5				

表 2-1-4（续）

评价项目	考核要求	分值	自评	小组评价	教师评价	得分
任务成果	1. 程序的输入及图形仿真	5				
	2. 刀具装夹及对刀	5				
	3. 工件加工及尺寸检验	5				
	4. 设备正常维护	5				
文明生产	1. 正确开、关及使用机床	5				
	2. 工具、量具的正确使用及放置	5				
学习态度	1. 出勤情况及课堂纪律	5				
	2. 团队协作	5				
通用能力	1. 组织沟通能力	5				
	2. 解决问题能力	5				
	3. 自我创新能力	5				

任务二　简单凸台的加工

学习目标

（1）掌握千分尺的读数方法。

（2）掌握外形轮廓精度的控制方法。

（3）掌握 Z 向精度的控制方法。

（4）能合理设置切入、切出点。

任务书

按照图纸（图 2-1-2）要求完成方凸台与圆凸台的加工，零件毛坯尺寸为 80×80×40，零件数量各 1 件。

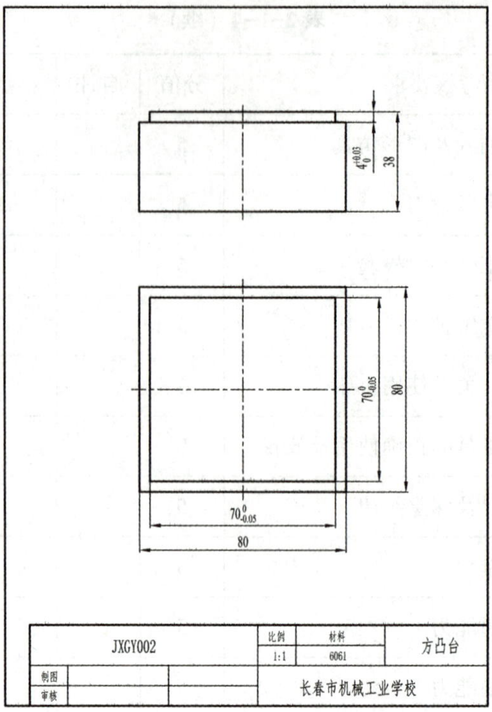

(a) 方凸台

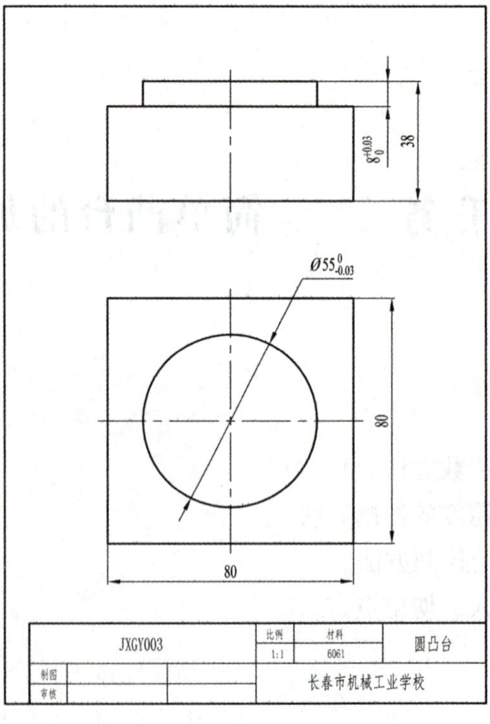

(b) 圆凸台

图 2-1-2　简单凸台加工图纸

任务分析与讨论

（1）深度测量方法有哪些？

（2）简述工件轮廓尺寸精度的控制方法。

（3）设置圆弧切入、切出时应该注意什么？

分组实施

（1）组长填写“学生任务分配表（二）”（表 2-1-5）。

表 2-1-5　学生任务分配表（二）

<table>
<tr><td>班级</td><td colspan="2"></td><td>组号</td><td></td><td>指导老师</td><td></td></tr>
<tr><td>组长</td><td colspan="2"></td><td>学号</td><td colspan="3"></td></tr>
<tr><td rowspan="5">组员</td><td>姓名</td><td>学号</td><td>岗位职责</td><td>姓名</td><td>学号</td><td>岗位职责</td></tr>
<tr><td></td><td></td><td></td><td></td><td></td><td></td></tr>
<tr><td></td><td></td><td></td><td></td><td></td><td></td></tr>
<tr><td></td><td></td><td></td><td></td><td></td><td></td></tr>
<tr><td></td><td></td><td></td><td></td><td></td><td></td></tr>
<tr><td colspan="7">任务分工</td></tr>
</table>

（2）数控铣床操作工填写“数控加工工序卡（二）”（表 2-1-6）。

表 2-1-6　数控加工工序卡（二）

单位		机床型号		零件名称		第　　页
工序	工序名称		程序编号		备注	
工步号	作业内容	刀具号	刀具名称	主轴转速/$(r\cdot min^{-1})$	进给速度/$(mm\cdot r^{-1})$	背吃刀量/mm

任务检查与记录

将凸台零件评分所测结果填入表 2-1-7 中。

表 2-1-7　凸台零件评分表

班组名称			定额时间		总分	
序号	评价项目	评分内容	配分	评分标准	实测	得分
1	方凸台的长、宽	$70_{-0.05}^{\ 0}$	40	超差 0.01 扣 5 分		
2	方凸台的深度	$4_{\ 0}^{+0.03}$	20	超差 0.01 扣 5 分		
3	圆凸台直径	$\phi55_{-0.03}^{\ 0}$	20	超差 0.01 扣 5 分		
4	圆凸台深度	$8_{\ 0}^{+0.08}$	20	超差 0.01 扣 5 分		
5	安全文明生产	安全文明生产的有关规定		违反规定扣总分 1~5 分		

任务评价

根据对零件的加工过程、零件的检测结果、加工过程中存在的问题填写提交简单凸台加工项目评价单（表2-1-8）。

表 2-1-8　简单凸台加工项目评价单

任务名称		姓名			班级	
评价项目	考核要求	分值	自评	小组评价	教师评价	得分
应知应会	1. 零件图分析	5				
	2. 制订加工工艺	5				
	3. 工件定位与装夹	5				
	4. 刀具及切削用量的选择	5				
	5. 工艺路径指定合理	10				
技能能力	1. 能编制凸台的加工程序	5				
	2. 能用刀补调整零件尺寸精度	5				
	3. 设备使用情况，有无调整，效果如何	5				
任务成果	1. 程序的输入及图形仿真	5				
	2. 刀具装夹及对刀	5				
	3. 工件加工及尺寸检验	5				
	4. 设备正常维护	5				
文明生产	1. 正确开、关及使用机床	5				
	2. 工具、量具的正确使用及放置	5				
学习态度	1. 出勤情况及课堂纪律	5				
	2. 团队协作	5				
通用能力	1. 组织沟通能力	5				
	2. 解决问题能力	5				
	3. 自我创新能力	5				

任务三　多台阶零件的加工

学习目标

（1）能制订多台阶零件的工艺路线。

（2）能利用刀补清除残料。

（3）能编制多台阶零件的加工程序。

（4）能对机床进行日常的维护保养。

任务书

按照图纸（图 2-1-3）要求完成多台阶零件的加工，零件毛坯尺寸为 80×80×40，零件数量为 1 件。

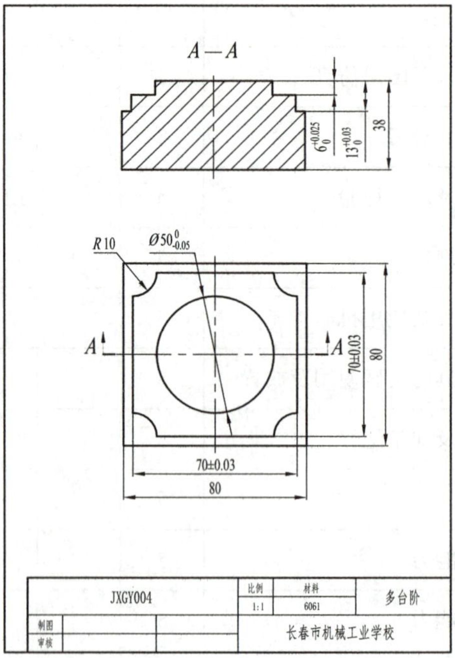

图 2-1-3　多台阶零件加工图纸

任务分析与讨论

（1）简述利用刀补清除残料的方法。

（2）如何制订多台阶零件的加工工艺？

（3）编制多台阶零件程序时应注意什么？

分组实施

（1）组长填写“学生任务分配表（三）”（表2-1-9）。

表2-1-9 学生任务分配表（三）

班级			组号		指导老师	
组长			学号			
组员	姓名	学号	岗位职责	姓名	学号	岗位职责
任务分工						

（2）数控铣床操作工填写“数控加工工序卡（三）”（表 2-1-10）。

表 2-1-10　数控加工工序卡（三）

单位		机床型号		零件名称		第　页	
工序		工序名称		程序编号		备注	
工步号	作业内容			刀具号	刀具名称	主轴转速/（$r \cdot min^{-1}$）	进给速度/（$mm \cdot r^{-1}$）	背吃刀量/mm

任务检查与记录

将凸台零件评分所测结果填入表 2-1-11 中。

表 2-1-11　凸台零件评分表

班组名称			定额时间		总分	
序号	评价项目	评分内容	配分	评分标准	实测	得分
1	方台	70±0.03（两处）	40	超差 0.01 扣 5 分		
2	圆台	$\phi55_{-0.05}^{0}$	20	超差 0.01 扣 5 分		
3	深度	$6_{0}^{+0.025}$	20	超差 0.01 扣 5 分		
4	深度	$13_{0}^{+0.03}$	20	超差 0.01 扣 5 分		
5	安全文明生产	安全文明生产的有关规定		违反规定扣总分 1~5 分		

任务评价

根据对零件的加工过程、零件的检测结果、加工过程中存在的问题填写提交多台阶加工项目评价单（表 2-1-12）。

表 2-1-12 多台阶加工项目评价单

任务名称		姓名			班级	
评价项目	考核要求	分值	自评	小组评价	教师评价	得分
应知应会	1. 零件图分析	5				
	2. 制订加工工艺	5				
	3. 工件定位与装夹	5				
	4. 刀具及切削用量的选择	5				
	5. 多台阶零件程序编制	10				
技能能力	1. 能修改刀补清除残料	5				
	2. 能制订合理的工艺路线	5				
	3. 设备使用情况，有无调整，效果如何	5				
任务成果	1. 程序的输入及图形仿真	5				
	2. 刀具装夹及对刀	5				
	3. 工件加工及尺寸检验	5				
	4. 设备正常维护	5				
文明生产	1. 正确开、关及使用机床	5				
	2. 工具、量具的正确使用及放置	5				
学习态度	1. 出勤情况及课堂纪律	5				
	2. 团队协作	5				
通用能力	1. 组织沟通能力	5				
	2. 解决问题能力	5				
	3. 自我创新能力	5				

任务四 圆槽零件的加工

学习目标

（1）会选用适合的铣刀加工槽类零件。

（2）能正确选用刀补加工槽类零件。

（3）掌握加工内腔和外形两种轮廓时所对应的程序起始点的设置。

任务书

按照图纸（图 2-1-4）要求完成圆槽零件的加工，零件毛坯尺寸为 80×80×40，零件数量为 1 件。

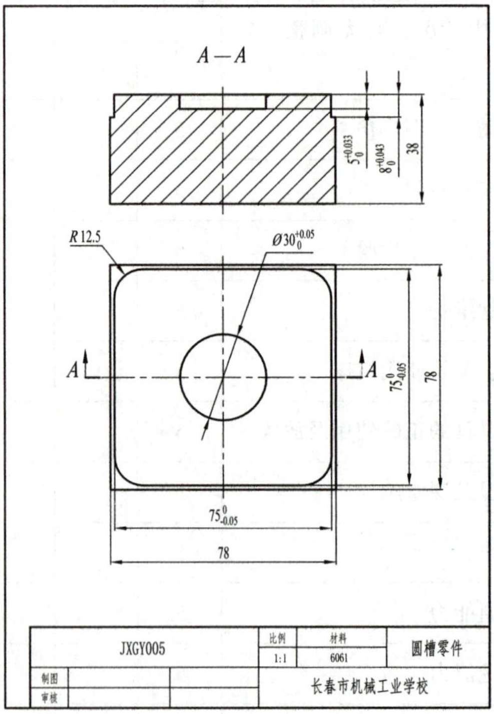

图 2-1-4 圆槽零件加工图纸

任务分析与讨论

（1）简述键槽铣刀与立铣刀的区别及各自特点。

（2）内槽加工时，顺铣是用 G41 还是用 G42，应如何判定？

（3）测量孔的量具有哪些？至少说出 3 种。

分组实施

（1）组长填写“学生任务分配表（四）”（表 2-1-13）。

表 2-1-13　学生任务分配表（四）

班级		组号		指导老师		
组长		学号				
组员	姓名	学号	岗位职责	姓名	学号	岗位职责
任务分工						

（2）数控铣床操作工填写“数控加工工序卡（四）”（表 2-1-14）。

表 2-1-14　数控加工工序卡（四）

单位		机床型号		零件名称		第　页
工序		工序名称		程序编号		备注
工步号	作业内容	刀具号	刀具名称	主轴转速/(r·min^{-1})	进给速度/(mm·r^{-1})	背吃刀量/mm

任务检查与记录

将圆槽零件评分所测结果填入表 2-1-15 中。

表 2-1-15　圆槽零件评分表

班组名称			定额时间		总分	
序号	评价项目	评分内容	配分	评分标准	实测	得分
1	长宽	$75_{-0.05}^{0}$（两处）	40	超差 0.01 扣 5 分		
2	圆	$\phi30_{0}^{+0.05}$	20	超差 0.01 扣 5 分		
3	深度	$5_{0}^{+0.033}$	20	超差 0.01 扣 5 分		
4	深度	$8_{0}^{+0.043}$	20	超差 0.01 扣 5 分		
5	安全文明生产	安全文明生产的有关规定		违反规定扣总分 1~5 分		

任务评价

根据对零件的加工过程、零件的检测结果、加工过程中存在的问题填写提交圆槽零件加工项目评价单（表2-1-16）。

表 2-1-16 圆槽零件加工项目评价单

任务名称		姓名			班级	
评价项目	考核要求	分值	自评	小组评价	教师评价	得分
应知应会	1. 零件图分析	5				
	2. 制订加工工艺	5				
	3. 工件定位与装夹	5				
	4. 刀具及切削用量的选择	5				
	5. 槽类零件的程序编制	10				
技能能力	1. 能编制槽类零件程序	5				
	2. 能修改刀补控制槽类零件精度	5				
	3. 设备使用情况，有无调整，效果如何	5				
任务成果	1. 程序的输入及图形仿真	5				
	2. 刀具装夹及对刀	5				
	3. 工件加工及尺寸检验	5				
	4. 设备正常维护	5				
文明生产	1. 正确开、关及使用机床	5				
	2. 工具、量具的正确使用及放置	5				
学习态度	1. 出勤情况及课堂纪律	5				
	2. 团队协作	5				
通用能力	1. 组织沟通能力	5				
	2. 解决问题能力	5				
	3. 自我创新能力	5				

任务五　岛屿零件的加工

学习目标

（1）能根据岛屿零件特点选择合适的下刀点。

（2）能制订岛屿零件加工工艺。

（3）掌握多余残料的去除方法。

任务书

按照图纸（图 2-1-5）要求完成岛屿零件的加工，零件毛坯尺寸为 80×80×40，零件数量为 1 件。

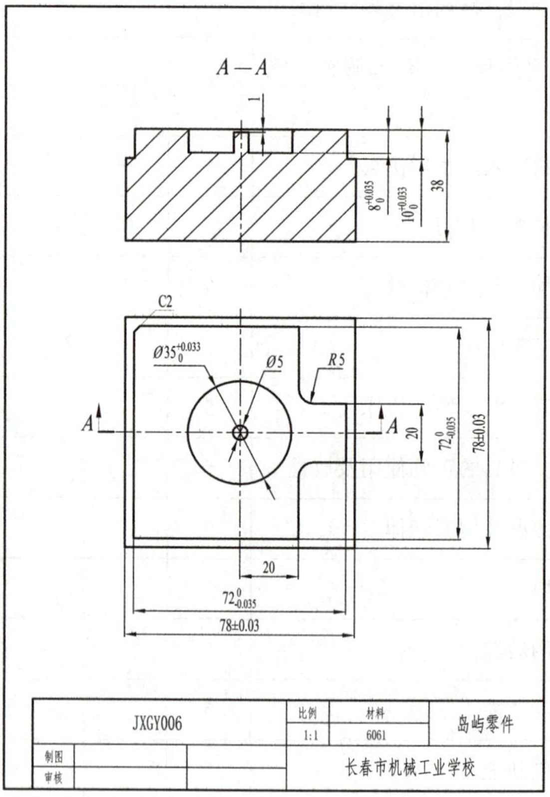

图 2-1-5　岛屿零件加工图纸

任务分析与讨论

（1）编制岛屿零件程序时下刀点如何选取？

（2）如何制订岛屿零件的加工工艺？

（3）简述去除多余残料方法。

分组实施

（1）组长填写“学生任务分配表（五）”（表 2-1-17）。

表 2-1-17　学生任务分配表（五）

<table>
<tr><td>班级</td><td colspan="2"></td><td>组号</td><td colspan="2"></td><td>指导老师</td></tr>
<tr><td>组长</td><td colspan="2"></td><td>学号</td><td colspan="3"></td></tr>
<tr><td rowspan="5">组员</td><td>姓名</td><td>学号</td><td>岗位职责</td><td>姓名</td><td>学号</td><td>岗位职责</td></tr>
<tr><td></td><td></td><td></td><td></td><td></td><td></td></tr>
<tr><td></td><td></td><td></td><td></td><td></td><td></td></tr>
<tr><td></td><td></td><td></td><td></td><td></td><td></td></tr>
<tr><td></td><td></td><td></td><td></td><td></td><td></td></tr>
<tr><td>任务分工</td><td colspan="6"></td></tr>
</table>

（2）数控铣床操作工填写“数控加工工序卡（五）”（表 2-1-18）。

表 2-1-18　数控加工工序卡（五）

单位		机床型号		零件名称		第　页
工序		工序名称		程序编号	备注	
工步号	作业内容	刀具号	刀具名称	主轴转速/$(r\cdot min^{-1})$	进给速度/$(mm\cdot r^{-1})$	背吃刀量/mm

任务检查与记录

将岛屿零件评分所测结果填入表 2-1-19 中。

表 2-1-19　岛屿零件评分表

班组名称			定额时间		总分	
序号	评价项目	评分内容	配分	评分标准	实测	得分
1	长宽	$72_{-0.035}^{0}$（两处）	20	超差 0.01 扣 5 分		
2	长宽	78±0.03（两处）	20	超差 0.01 扣 5 分		
3	圆	$\phi35_{0}^{+0.033}$	20	超差 0.01 扣 5 分		
4	深度	$8_{0}^{+0.035}$	20	超差 0.01 扣 5 分		
5	深度	$10_{0}^{+0.033}$	20	超差 0.01 扣 5 分		
6	安全文明生产	安全文明生产的有关规定		违反规定扣总分 1~5 分		

任务评价

根据对零件的加工过程、零件的检测结果、加工过程中存在的问题填写提交岛屿零件加工项目评价单（表 2-1-20）。

表 2-1-20　岛屿零件加工项目评价单

任务名称		姓名		班级		
评价项目	考核要求	分值	自评	小组评价	教师评价	得分
应知应会	1. 零件图分析	5				
	2. 制订加工工艺	5				
	3. 工件定位与装夹	5				
	4. 刀具及切削用量的选择	5				
	5. 岛屿零件的程序编制	10				
技能能力	1. 能制订工艺方案清除多余残料	5				
	2. 能修改刀补控制岛屿零件精度	5				
	3. 设备使用情况，有无调整，效果如何	5				
任务成果	1. 程序的输入及图形仿真	5				
	2. 刀具装夹及对刀	5				
	3. 工件加工及尺寸检验	5				
	4. 设备正常维护	5				
文明生产	1. 正确开、关及使用机床	5				
	2. 工具、量具的正确使用及放置	5				
学习态度	1. 出勤情况及课堂纪律	5				
	2. 团队协作	5				
通用能力	1. 组织沟通能力	5				
	2. 解决问题能力	5				
	3. 自我创新能力	5				

任务六　摇臂凸台的加工

学习目标

（1）掌握镗孔、铰孔的程序编制。

（2）掌握塞规、内径百分表的使用方法。

（3）能制订摇臂凸台的加工工艺和程序编制。

（4）能用球刀加工 R 角。

（5）能进行机床的日常保养。

任务书

按照图纸（图 2-1-6）要求完成摇臂凸台的加工，零件毛坯尺寸为 80×80×20，零件数量为 1 件。

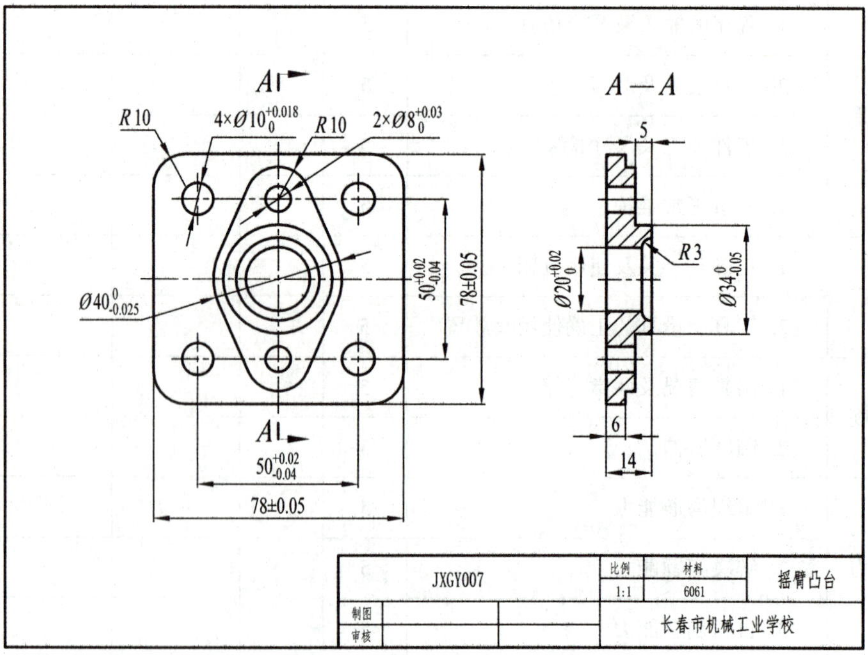

图 2-1-6　摇臂凸台加工图纸

任务分析与讨论

（1）查阅资料，简述镗孔和铰孔的原因。

（2）简述高速钢铰刀铰削余量和切削用量的选用。

（3）简述镗孔指令 G86 的格式及各参数的意义。

（4）简述 CAM 软件中平面轮廓精加工各参数的作用。

分组实施

（1）组长填写“学生任务分配表（六）”（表 2-1-21）。

表 2-1-21 学生任务分配表（六）

<table>
<tr><td>班级</td><td colspan="2"></td><td>组号</td><td></td><td>指导老师</td><td></td></tr>
<tr><td>组长</td><td colspan="2"></td><td>学号</td><td colspan="3"></td></tr>
<tr><td rowspan="5">组员</td><td>姓名</td><td>学号</td><td>岗位职责</td><td>姓名</td><td>学号</td><td>岗位职责</td></tr>
<tr><td></td><td></td><td></td><td></td><td></td><td></td></tr>
<tr><td></td><td></td><td></td><td></td><td></td><td></td></tr>
<tr><td></td><td></td><td></td><td></td><td></td><td></td></tr>
<tr><td></td><td></td><td></td><td></td><td></td><td></td></tr>
<tr><td>任务分工</td><td colspan="6"></td></tr>
</table>

（2）数控铣床操作工填写“数控加工工序卡（六）”（表 2-1-22）。

表 2-1-22　数控加工工序卡（六）

单位		机床型号		零件名称		第　页
工序		工序名称		程序编号		备注
工步号	作业内容	刀具号	刀具名称	主轴转速/(r·min^{-1})	进给速度/(mm·r^{-1})	背吃刀量/mm

任务检查与记录

将摇臂凸台零件评分所测结果填入表 2-1-23 中。

表 2-1-23　摇臂凸台零件评分表

班组名称			定额时间		总分	
序号	评价项目	评分内容	配分	评分标准	实测	得分
1	圆凸台	$\phi34_{-0.05}^{0}$	20	超差 0.01 扣 1 分		
2	内孔	$\phi20_{0}^{+0.02}$	20	超差 0.01 扣 1 分		
3	孔中心距	$50_{-0.04}^{+0.02}$（两处）	20	超差 0.01 扣 1 分		
4	外圆	$\phi40_{-0.025}^{0}$	10	超差 0.01 扣 1 分		
5	长宽	78±0.05（两处）	20	超差 0.01 扣 1 分		
6	粗糙度	*Ra*3.2	10	总体与量块比对相应扣分		
7	安全文明生产	安全文明生产的有关规定		违反规定扣总分 1~5 分		

任务评价

根据对零件的加工过程、零件的检测结果、加工过程中存在的问题填写提交摇臂凸台加工项目评价单（表2-1-24）。

表 2-1-24　凸台加工项目评价单

任务名称		姓名			班级	
评价项目	考核要求	分值	自评	小组评价	教师评价	得分
应知应会	1. 零件图分析	5				
	2. 制订加工工艺	5				
	3. 工件定位与装夹	5				
	4. 镗孔、铰孔切削用量的选择	5				
	5. 平面轮廓精加工程序编制	10				
技能能力	1. 切削参数在加工中是否改动、效果如何	5				
	2. 刀具在对刀及加工使用时有无损坏现象	5				
	3. 设备使用情况，有无调整，效果如何	5				
任务成果	1. 程序的输入及图形仿真	5				
	2. 刀具装夹及对刀	5				
	3. 工件加工及尺寸检验	5				
	4. 设备正常维护	5				
文明生产	1. 正确开、关及使用机床	5				
	2. 工具、量具的正确使用及放置	5				
学习态度	1. 出勤情况及课堂纪律	5				
	2. 团队协作	5				
通用能力	1. 组织沟通能力	5				
	2. 解决问题能力	5				
	3. 自我创新能力	5				

任务七　定位凸台件的加工

学习目标

（1）掌握 Z 向尺寸精度控制及检测方法。

（2）能对工件进行规方。

（3）能制订定位凸台加工工艺及加工程序编制。

（4）能使用寻边器对工件进行分中。

（5）能进行机床的日常保养。

任务书

按照图纸（图 2-1-7）要求完成定位凸台件的加工，零件毛坯尺寸为 80×80×30，零件数量为 1 件。

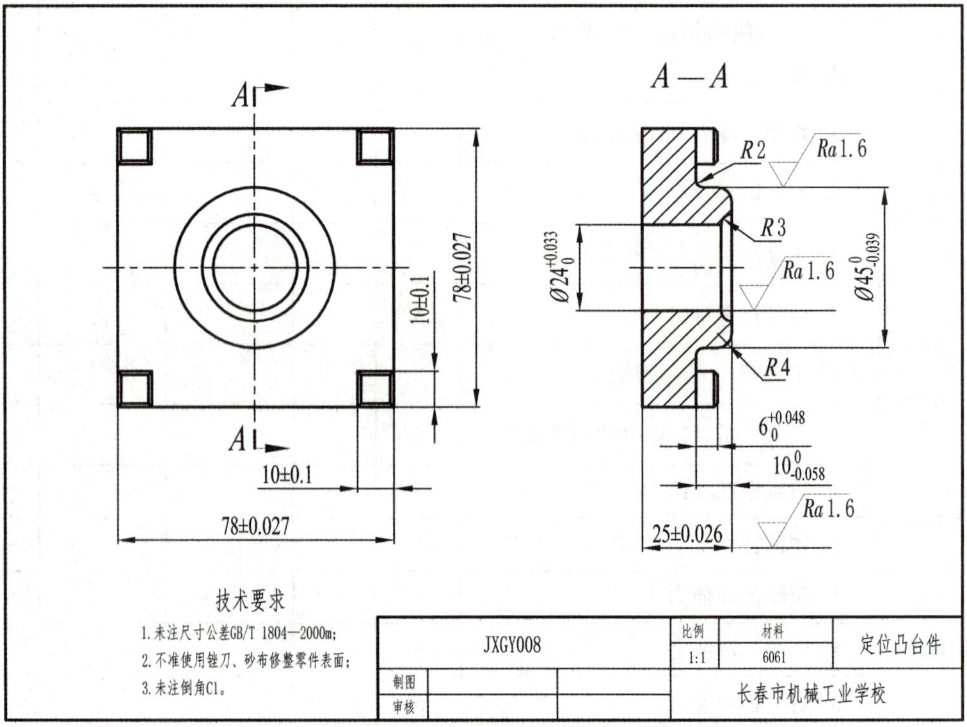

图 2-1-7　定位凸台件加工图纸

任务分析与讨论

（1）查阅资料，简述杠杆百分表测量工件深度的方法。

（2）如何制订定位凸台件的加工工艺？

（3）简述机械寻边器的对刀方法。

（4）查阅资料，简述规方的方法。

分组实施

（1）组长填写“学生任务分配表（七）”（表2-1-25）。

表2-1-25　学生任务分配表（七）

班级		组号		指导老师		
组长		学号				
组员	姓名	学号	岗位职责	姓名	学号	岗位职责
任务分工						

（2）数控铣床操作工填写“数控加工工序卡（七）”（表2-1-26）。

表2-1-26　数控加工工序卡（七）

单位		机床型号		零件名称		第　页	
工序		工序名称		程序编号		备注	
工步号	作业内容			刀具号	刀具名称	主轴转速/(r·min^{-1})	进给速度/(mm·r^{-1})	背吃刀量/mm

任务检查与记录

将定位凸台件评分所测结果填入表2-1-27中。

表2-1-27　定位凸台件零件评分表

班组名称			定额时间		总分	
序号	评价项目	评分内容	配分	评分标准	实测	得分
1	外圆台	$\phi45_{-0.039}^{0}$	10	超差0.01扣1分		
2	方凸台	10±0.01（八处）	20	超差0.01扣1分		
3	深度	$6_{0}^{+0.048}$	10	超差0.1扣1分		
		$10_{-0.058}^{0}$	10	超差0.01扣1分		
		25±0.026	10	超差0.01扣1分		
4	内孔	$\phi24_{0}^{+0.033}$	10	超差0.01扣1分		
5	长宽	78±0.027（两处）	10	超差0.01扣1分		
6	粗糙度	*Ra*1.6	10	总体与量块比对相应扣分		
7	倒角	C1	10	无倒角相应扣分		
8	安全文明生产	安全文明生产的有关规定		违反规定扣总分1~5分		

任务评价

根据对零件的加工过程、零件的检测结果、加工过程中存在的问题填写提交定位凸台件项目评价单（表 2-1-28）。

表 2-1-28　定位凸台件项目评价单

任务名称		姓名			班级	
评价项目	考核要求	分值	自评	小组评价	教师评价	得分
应知应会	1. 零件图分析	5				
	2. 制订加工工艺	5				
	3. 会用杠杆百分表测量深度	5				
	4. 刀具及切削用量的选择	5				
	5. 程序编制	10				
技能能力	1. 能否正确使用寻边器	5				
	2. 能对工件规方	5				
	3. 能否正确编制加工程序	5				
任务成果	1. 程序的输入及图形仿真	5				
	2. 刀具装夹及对刀	5				
	3. 工件加工及尺寸检验	5				
	4. 设备正常维护	5				
文明生产	1. 正确开、关及使用机床	5				
	2. 工具、量具的正确使用及放置	5				
学习态度	1. 出勤情况及课堂纪律	5				
	2. 团队协作	5				
通用能力	1. 组织沟通能力	5				
	2. 解决问题能力	5				
	3. 自我创新能力	5				

任务八　精定位块组件的加工

学习目标

（1）能正确识读零件图。

（2）能正确操作机床建立加工坐标系。

（3）能编制轮廓、凸台、凹槽、光孔、丝孔、倒角的加工程序。

（4）能正确填写加工工序卡片、刀具卡。

（5）能进行机床的日常保养。

任务书

按照图纸（图 2-1-8）要求完成精定位块组件的加工，零件毛坯尺寸为 80×40×30，零数量各 1 件。

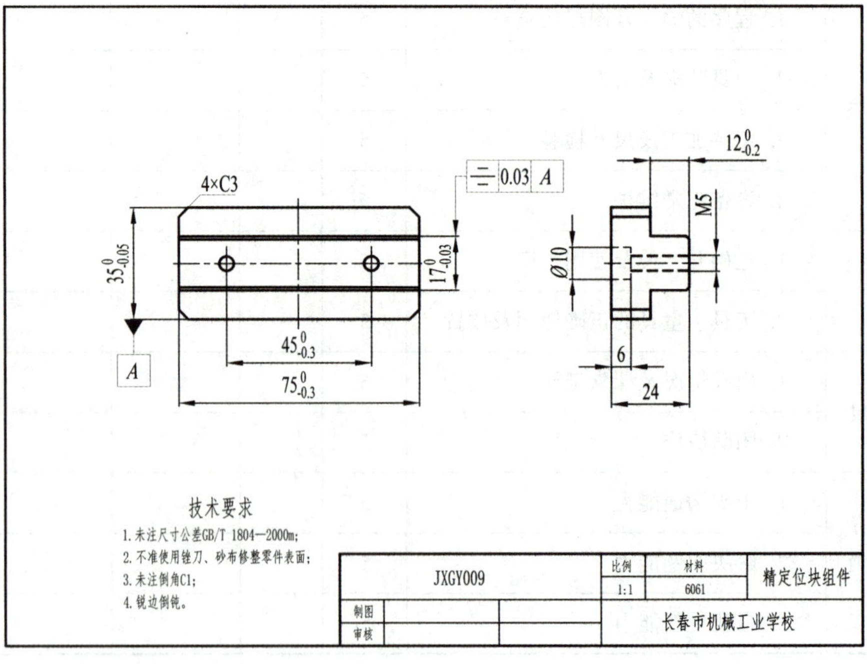

（a）

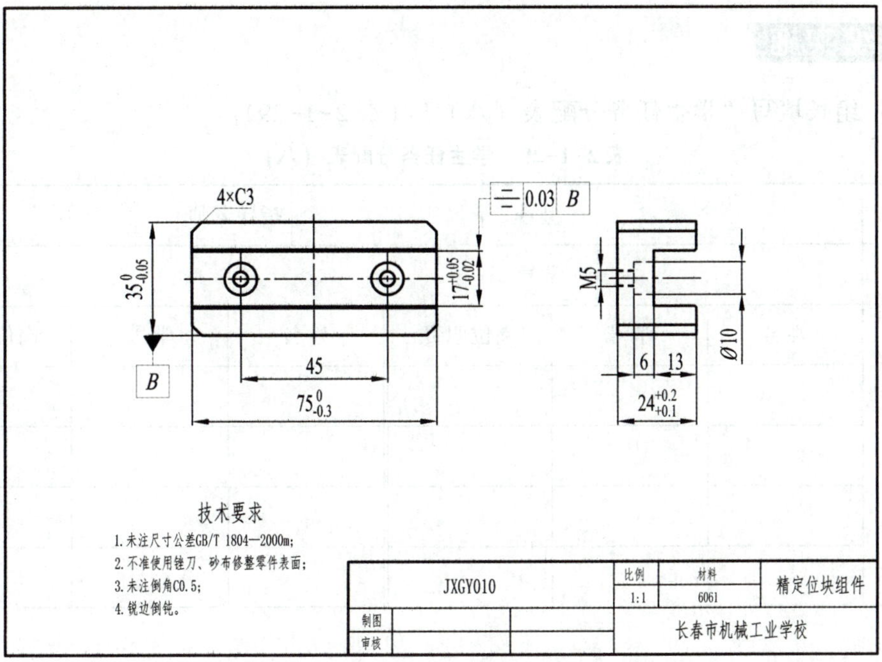

（b）

图 2-1-8　精定位块组件加工图纸

任务分析与讨论

（1）简述钻孔循环指令 G73，G81，G83 的区别。

（2）简述攻丝前预钻螺纹底孔的计算方法。

（3）简述 90°定心钻加工倒角时，刀具直径的计算方法。

分组实施

（1）组长填写“学生任务分配表（八）”（表2-1-29）。

表2-1-29 学生任务分配表（八）

班级		组号		指导老师		
组长		学号				
组员	姓名	学号	岗位职责	姓名	学号	岗位职责
任务分工						

（2）数控铣床操作工填写“数控加工工序卡（八）”（表2-1-30）。

表2-1-30 数控加工工序卡（八）

单位		机床型号		零件名称		第 页
工序		工序名称		程序编号		备注
工步号	作业内容	刀具号	刀具名称	主轴转速/($r \cdot min^{-1}$)	进给速度/($mm \cdot r^{-1}$)	背吃刀量/mm

任务检查与记录

（1）将凸台精定位块零件评分所测结果填入表 2-1-31 中。

表 2-1-31　凸台精定位块零件评分表

班组名称			定额时间		总分	
序号	评价项目	评分内容	配分	评分标准	实测	得分
1	外轮廓	$35_{-0.05}^{0}$	10	超差 0.01 扣 1 分		
		$75_{-0.3}^{0}$	10	超差 0.01 扣 1 分		
2	凸台宽度	$17_{-0.03}^{0}$	5	超差 0.01 扣 1 分		
3	深度	$12_{-0.2}^{0}$	5	超差 0.01 扣 1 分		
4	对称度	0.03	5	超差 0.01 扣 1 分		
5	螺纹	M5	10	超差 0.1 扣 1 分		
6	倒角	C3	5	无倒角相应扣分		
7	安全文明生产	安全文明生产的有关规定		违反规定扣总分 1~5 分		

（2）将凹槽精定位块零件评分所测结果填入表 2-1-32 中。

表 2-1-32　凹槽精定位块零件评分表

班组名称			定额时间		总分	
序号	评价项目	评分内容	配分	评分标准	实测	得分
1	外轮廓	$35_{-0.05}^{0}$	5	超差 0.01 扣 1 分		
		$75_{-0.3}^{0}$	5	超差 0.01 扣 1 分		
		$24_{+0.1}^{+0.2}$	5	超差 0.01 扣 1 分		
2	凹槽宽	$17_{-0.02}^{+0.05}$	10	超差 0.01 扣 1 分		
3	对称度	0.03	10	超差 0.01 扣 1 分		
4	螺纹	M5	10	超差 0.01 扣 1 分		
5	倒角	C3	5	无倒角相应扣分		
6	安全文明生产	安全文明生产的有关规定		违反规定扣总分 1~5 分		

任务评价

根据对零件的加工过程、零件的检测结果、加工过程中存在的问题填写提交精定位块组件加工项目评价单（表 2-1-33）。

表 2-1-33　精定位块组件加工项目评价单

任务名称		姓名			班级	
评价项目	考核要求	分值	自评	小组评价	教师评价	得分
应知应会	1. 零件图分析	5				
	2. 制订加工工艺	5				
	3. 工件定位与装夹	5				
	4. 刀具及切削用量的选择	5				
	5. 钻孔、攻丝程序编制	10				
技能能力	1. 能使用 CAM 软件编制程序	5				
	2. 丝锥、钻头在对刀及加工使用时有无损坏现象	5				
	3. 设备使用情况，有无调整，效果如何	5				
任务成果	1. 程序的输入及图形仿真	5				
	2. 刀具装夹及对刀	5				
	3. 工件加工及尺寸检验	5				
	4. 设备正常维护	5				
文明生产	1. 正确开、关及使用机床	5				
	2. 工具、量具的正确使用及放置	5				
学习态度	1. 出勤情况及课堂纪律	5				
	2. 团队协作	5				
通用能力	1. 组织沟通能力	5				
	2. 解决问题能力	5				
	3. 自我创新能力	5				

任务九　凸凹块的加工

学习目标

（1）能够制订双面件的加工工艺。

（2）能利用精基准建立加工坐标系。

（3）掌握零件中的封闭式岛屿特征的加工方法。

（4）正确填写加工工序卡片、刀具卡。

（5）能进行机床的日常保养。

任务书

按照图纸（图 2-1-9）要求完成凸凹块的加工，零件毛坯尺寸为 80×80×30，零件数量为 1 件。

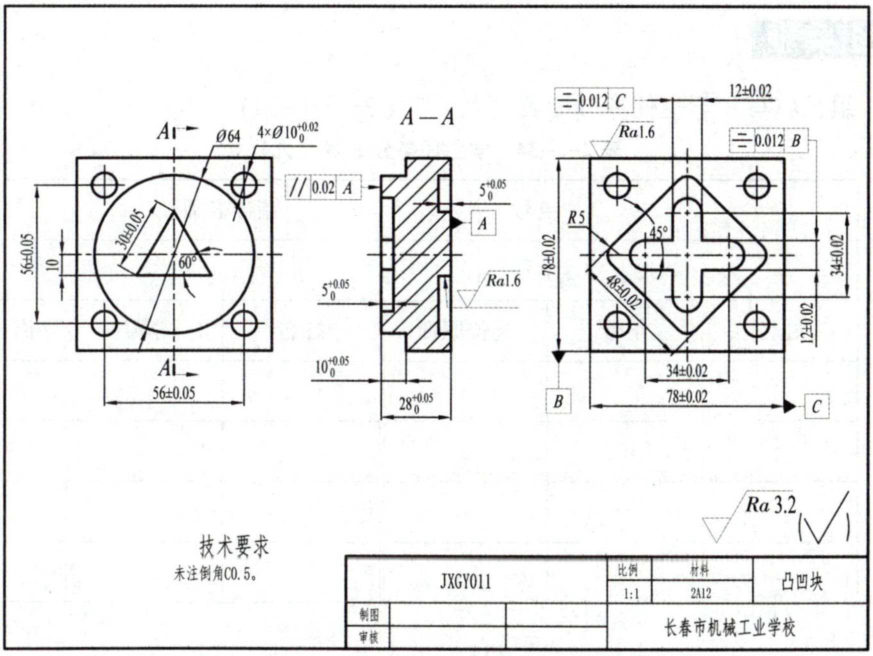

图 2-1-9　凸凹块加工图纸

任务分析与讨论

（1）查阅资料，简述双面件加工工艺如何制订。

（2）如何保证上、下面的平行度？

（3）简述孔中心距的检测方法。

（4）编写零件岛屿的程序时，刀具下刀点的选取应注意哪些问题？

分组实施

（1）组长填写“学生任务分配表（九）”（表 2-1-34）。

表 2-1-34　学生任务分配表（九）

班级			组号		指导老师	
组长			学号			
组员	姓名	学号	岗位职责	姓名	学号	岗位职责
任务分工						

（2）数控铣床操作工填写“数控加工工序卡（九）”（表 2-1-35）。

表 2-1-35　数控加工工序卡（九）

单位		机床型号		零件名称		第　页
工序		工序名称		程序编号		备注
工步号	作业内容	刀具号	刀具名称	主轴转速/（$r \cdot min^{-1}$）	进给速度/（$mm \cdot r^{-1}$）	背吃刀量/mm

任务检查与记录

将凸凹块零件评分所测结果填入表 2-1-36 中。

表 2-1-36　凸凹块零件评分表

班组名称			定额时间		总分	
序号	评价项目	评分内容	配分	评分标准	实测	得分
1	孔径	$\phi10^{+0.02}_{0}$（四处）	10	超差 0.01 扣 1 分		
2	孔中心距	56±0.05	5	超差 0.01 扣 1 分		
3	槽宽	12±0.02	5	超差 0.01 扣 1 分		
4	外轮廓	48±0.02（四处）	10	超差 0.01 扣 1 分		
		30±0.05（三处）	15	超差 0.01 扣 1 分		
		78±0.02（两处）	10	超差 0.01 扣 1 分		
5	深度	$28^{+0.05}_{0}$	10	超差 0.01 扣 1 分		
		$5^{+0.05}_{0}$（两处）	10	超差 0.01 扣 1 分		
		$10^{+0.05}_{0}$	10	超差 0.01 扣 1 分		
6	平行度	0.02	5	超差 0.01 扣 1 分		
7	粗糙度	*Ra*1.6	5	总体与量块比对相应扣分		
8	倒角	C0.5	5	无倒角相应扣分		
9	安全文明生产	安全文明生产的有关规定		违反规定扣总分 1~5 分		

任务评价

根据对零件的加工过程、零件的检测结果、加工过程中存在的问题填写提交凸凹块加工项目评价单（表 2-1-37）。

表 2-1-37 凸凹块加工项目评价单

任务名称		姓名			班级	
评价项目	考核要求	分值	自评	小组评价	教师评价	得分
应知应会	1. 零件图分析	5				
	2. 双面件加工工艺的制订	5				
	3. 工件定位与装夹	5				
	4. 刀具及切削用量的选择	5				
	5. 程序编制	10				
技能能力	1. 切削参数在加工中是否改动、效果如何	5				
	2. 刀具在对刀及加工使用时有无损坏现象	5				
	3. 设备使用情况，有无调整，效果如何	5				
任务成果	1. 程序的输入及图形仿真	5				
	2. 刀具装夹及对刀	5				
	3. 工件加工及尺寸检验	5				
	4. 设备正常维护	5				
文明生产	1. 正确开、关及使用机床	5				
	2. 工具、量具的正确使用及放置	5				
学习态度	1. 出勤情况及课堂纪律	5				
	2. 团队协作	5				
通用能力	1. 组织沟通能力	5				
	2. 解决问题能力	5				
	3. 自我创新能力	5				

项目二

坦克模型的加工

项目描述

随着人们生活水平的不断提高，用户对模型玩具的个性化需求也在逐步上升。坦克模型就是基于社会需求设计的一款定制化玩具。它经过数控铣的加工和喷砂氧化处理制作完成。

任务一　炮塔的加工

学习目标

（1）掌握三面加工件精基准的选取方法。

（2）能正确操作机床建立加工坐标系。

（3）能根据图纸选择合适的夹具。

（4）能正确填写加工工序卡片、刀具卡。

（5）能进行机床的日常保养。

任务书

按照图纸（图 2-2-1）要求完成炮塔的加工，零件毛坯尺寸为 50×40×25，零件数量为 1 件。

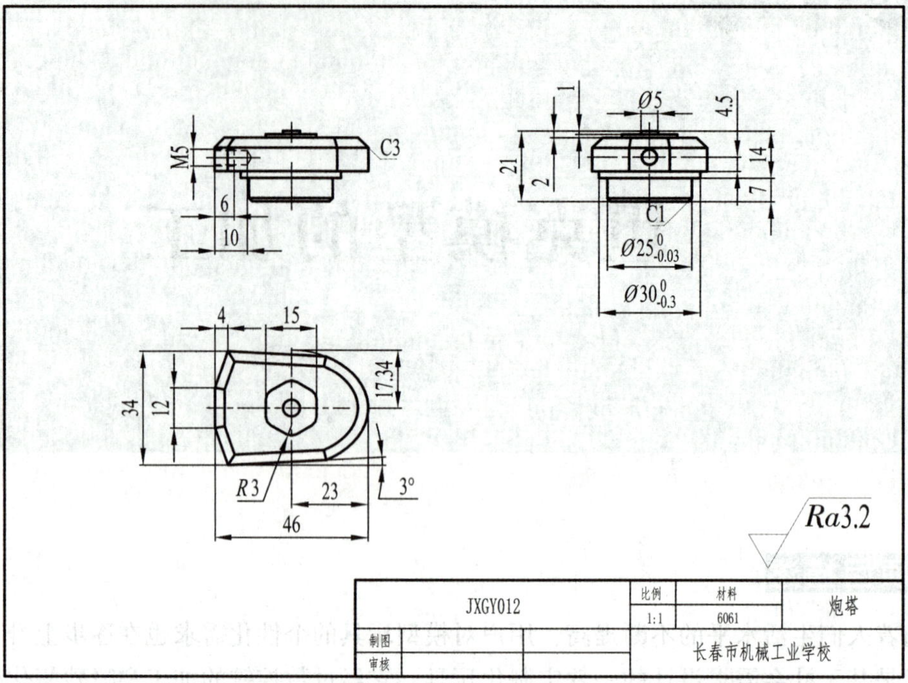

图 2-2-1 炮塔加工图纸

任务分析与讨论

（1）如何制订炮塔的加工工艺？

（2）本任务都需要什么样的夹具？

分组实施

（1）组长填写“学生任务分配表（十）”（表2-2-1）。

表2-2-1 学生任务分配表（十）

班级			组号		指导老师	
组长			学号			
组员	姓名	学号	岗位职责	姓名	学号	岗位职责
任务分工						

（2）数控铣床操作工填写“数控加工工序卡（十）”（表2-2-2）。

表2-2-2 数控加工工序卡（十）

单位		机床型号		零件名称		第 页
工序		工序名称		程序编号		备注
工步号	作业内容	刀具号	刀具名称	主轴转速/($r \cdot min^{-1}$)	进给速度/($mm \cdot r^{-1}$)	背吃刀量/mm

任务检查与记录

将炮塔零件评分所测结果填入表 2-2-3 中。

表 2-2-3　炮塔零件评分表

班组名称			定额时间		总分	
序号	评价项目	评分内容	配分	评分标准	实测	得分
1	外轮廓	$25_{-0.03}^{0}$	30	超差 0.01 扣 1 分		
		$30_{-0.03}^{0}$	30	超差 0.01 扣 1 分		
2	粗糙度	*Ra*1.6	30	总体与量块比对相应扣分		
3	倒角	C1	10	无倒角相应扣分		
4	安全文明生产	安全文明生产的有关规定		违反规定扣总分 1~5 分		

任务评价

根据对零件的加工过程、零件的检测结果、加工过程中存在的问题填写提交炮塔加工项目评价单（表 2-2-4）。

表 2-2-4　炮塔加工项目评价单

任务名称		姓名		班级		
评价项目	考核要求	分值	自评	小组评价	教师评价	得分
应知应会	1. 零件图分析	5				
	2. 制订加工工艺	5				
	3. 工件定位与装夹	5				
	4. 刀具及切削用量的选择	5				
	5. 程序编制	10				
技能能力	1. 切削参数在加工中是否改动，效果如何	5				
	2. 刀具在对刀及加工使用时有无损坏现象	5				
	3. 设备使用情况，有无调整，效果如何	5				

表 2-2-4（续）

评价项目	考核要求	分值	自评	小组评价	教师评价	得分
任务成果	1. 程序的输入及图形仿真	5				
	2. 刀具装夹及对刀	5				
	3. 工件加工及尺寸检验	5				
	4. 设备正常维护	5				
文明生产	1. 正确开、关及使用机床	5				
	2. 工具、量具的正确使用及放置	5				
学习态度	1. 出勤情况及课堂纪律	5				
	2. 团队协作	5				
通用能力	1. 组织沟通能力	5				
	2. 解决问题能力	5				
	3. 自我创新能力	5				

任务二　坦克车身的加工

学习目标

（1）掌握斜面的加工方法。

（2）掌握多面零件加工工艺的制订。

（3）了解配合件加工时的注意事项。

任务书

按照图纸（图 2-2-2）要求完成坦克车身的加工，零件毛坯尺寸为 80×70×25，零件数量为 1 件。

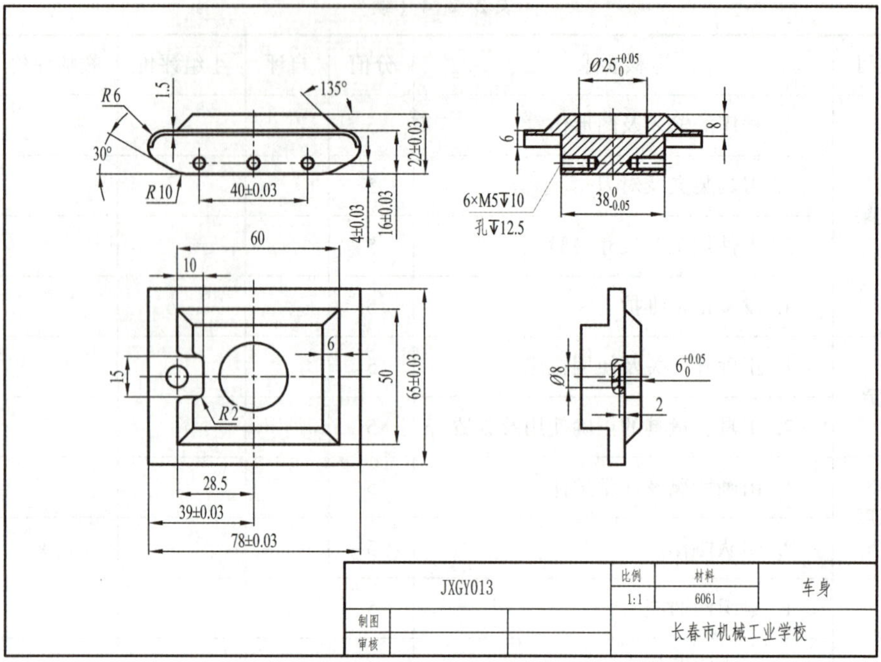

图 2-2-2 坦克车身加工图纸

任务分析与讨论

（1）如何用立铣刀加工斜面？

（2）攻丝时，底孔尺寸过大应如何处理？

（3）如何制订塔克车身的加工工艺路线？

分组实施

（1）组长填写“学生任务分配表（十一）”（表2-2-5）。

表2-2-5 学生任务分配表（十一）

班级			组号		指导老师	
组长			学号			
组员	姓名	学号	岗位职责	姓名	学号	岗位职责
任务分工						

（2）数控铣床操作工填写“数控加工工序卡（十一）”（表2-2-6）。

表2-2-6 数控加工工序卡（十一）

单位		机床型号		零件名称		第 页
工序	工序名称		程序编号		备注	
工步号	作业内容	刀具号	刀具名称	主轴转速/（$r \cdot min^{-1}$）	进给速度/（$mm \cdot r^{-1}$）	背吃刀量/mm

任务检查与记录

将坦克车身零件评分所测结果填入表 2-2-7 中。

表 2-2-7　坦克车身零件评分表

班组名称			定额时间		总分	
序号	评价项目	评分内容	配分	评分标准	实测	得分
1	孔中心距	40±0.03	10	超差 0.01 扣 1 分		
2	内孔直径	$\phi25^{+0.05}_{0}$	20	超差 0.01 扣 1 分		
3	深度	16±0.03	10	超差 0.01 扣 1 分		
		22±0.03	10	超差 0.01 扣 1 分		
		$6^{+0.05}_{0}$	10	超差 0.01 扣 1 分		
		4±0.03	10	超差 0.01 扣 1 分		
4	外轮廓	78±0.03	10	超差 0.01 扣 1 分		
		65±0.03	10	超差 0.01 扣 1 分		
5	宽度	$38^{0}_{-0.05}$	10	超差 0.01 扣 1 分		
6	安全文明生产	安全文明生产的有关规定		违反规定扣总分 1~5 分		

任务评价

根据对零件的加工过程、零件的检测结果、加工过程中存在的问题填写提交坦克车身加工项目评价单（表 2-2-8）。

表 2-2-8　坦克车身项目评价单

任务名称		姓名		班级		
评价项目	考核要求	分值	自评	小组评价	教师评价	得分
应知应会	1. 零件图分析	5				
	2. 制订加工工艺	5				
	3. 工件定位与装夹	5				
	4. 刀具及切削用量的选择	5				
	5. 程序编制	10				

表 2-2-8（续）

评价项目	考核要求	分值	自评	小组评价	教师评价	得分
技能能力	1. 切削参数在加工中是否改动，效果如何	5				
	2. 刀具在对刀及加工使用时有无损坏现象	5				
	3. 设备使用情况，有无调整，效果如何	5				
任务成果	1. 程序的输入及图形仿真	5				
	2. 刀具装夹及对刀	5				
	3. 工件加工及尺寸检验	5				
	4. 设备正常维护	5				
文明生产	1. 正确开、关及使用机床	5				
	2. 工具、量具的正确使用及放置	5				
学习态度	1. 出勤情况及课堂纪律	5				
	2. 团队协作	5				
通用能力	1. 组织沟通能力	5				
	2. 解决问题能力	5				
	3. 自我创新能力	5				

项目三 汽车空调管路检具的加工

项目描述

检具是工业生产企业用于控制产品各种尺寸（如孔径、空间尺寸等）的简捷工具，能提高生产效率和控制质量，适用于大批量生产的产品（如汽车零部件），以替代专业测量工具（如光滑塞规、螺纹塞规、外径卡规等）。其中，管类检具是加工中结构相对简单、加工比较容易的一种。

任务一　夹钳底座和法兰检测块的加工

学习目标

（1）掌握检具的工作原理。
（2）理解检具中各构件的作用。
（3）能用盘刀对工件进行规方。
（4）掌握攻丝、铰孔时出现问题的处理方法。
（5）能进行机床的日常保养。

任务书

按照图纸（图 2-3-1）要求完成夹钳底座和法兰检测块的加工，零件毛坯尺寸为 45×40×30 和 45×35×25，零件数量各 1 件。

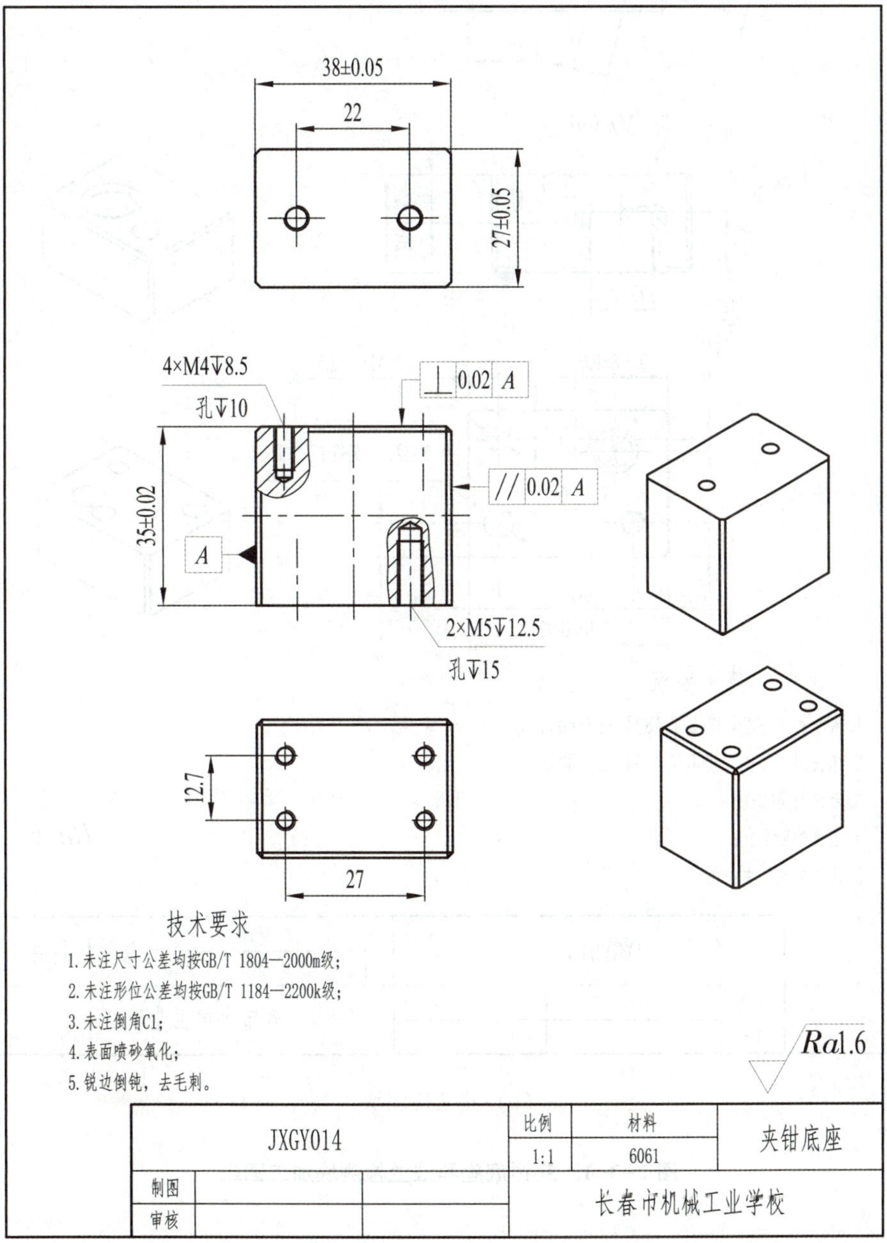

（a）夹钳底座

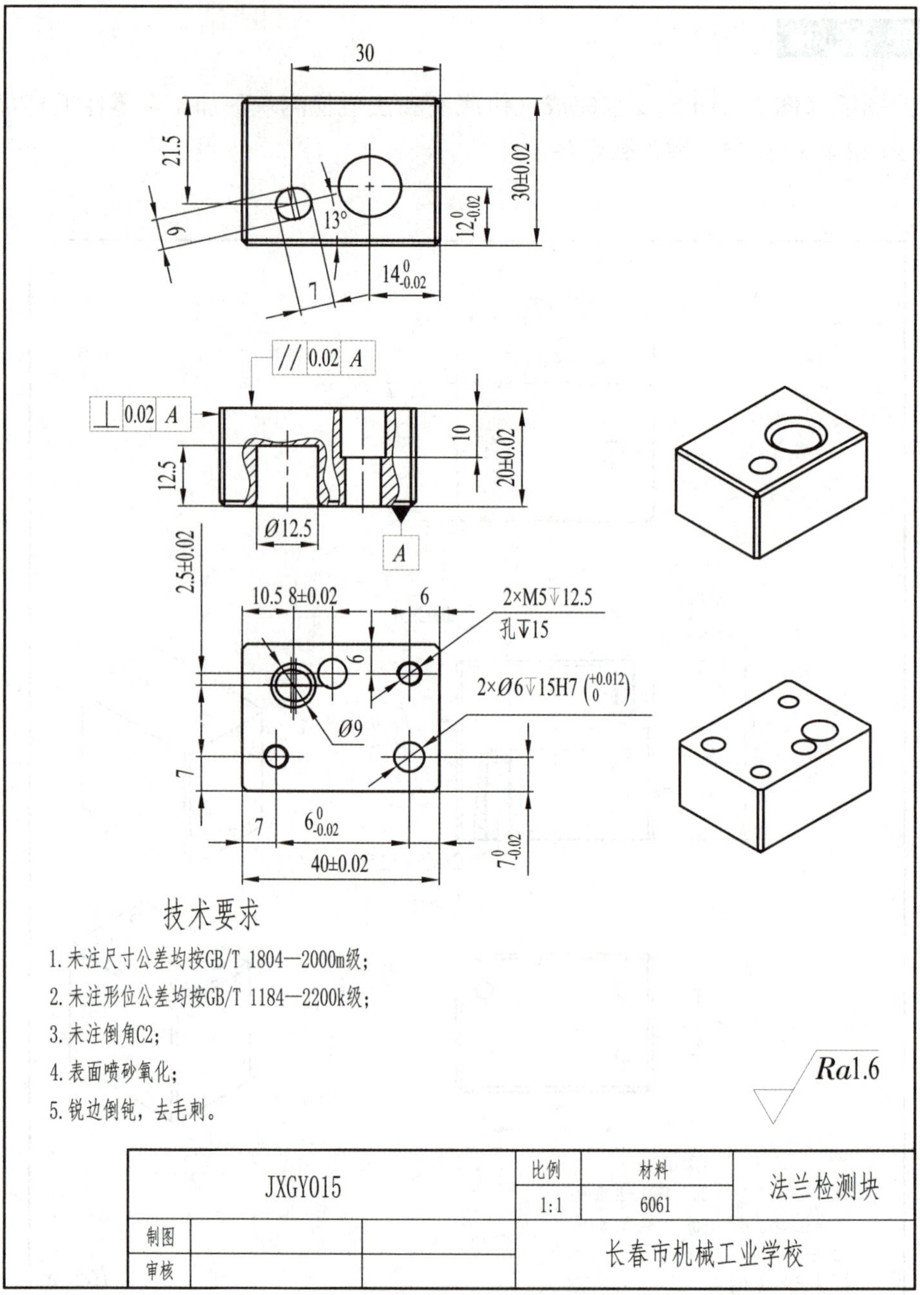

（b）法兰检测块

图 2-3-1 夹钳底座和法兰检测块加工图纸

任务分析与讨论

（1）查阅资料，找出铰孔粗糙度达不到要求的原因及处理方法。

（2）如何用杠杆百分表找正台虎钳？

（3）盘刀的 Z 向如何对刀？

分组实施

（1）组长填写“学生任务分配表（十二）”（表2-3-1）。

表 2-3-1　学生任务分配表（十二）

<table>
<tr><td>班级</td><td colspan="2"></td><td>组号</td><td colspan="2"></td><td>指导老师</td></tr>
<tr><td>组长</td><td colspan="2"></td><td>学号</td><td colspan="3"></td></tr>
<tr><td rowspan="5">组员</td><td>姓名</td><td>学号</td><td>岗位职责</td><td>姓名</td><td>学号</td><td>岗位职责</td></tr>
<tr><td></td><td></td><td></td><td></td><td></td><td></td></tr>
<tr><td></td><td></td><td></td><td></td><td></td><td></td></tr>
<tr><td></td><td></td><td></td><td></td><td></td><td></td></tr>
<tr><td></td><td></td><td></td><td></td><td></td><td></td></tr>
<tr><td>任务分工</td><td colspan="6"></td></tr>
</table>

（2）数控铣床操作工填写“数控加工工序卡（十二）”（表 2-3-2）。

表 2-3-2　数控加工工序卡（十二）

单位		机床型号		零件名称		第　页
工序		工序名称		程序编号		备注
工步号	作业内容	刀具号	刀具名称	主轴转速/（r·min^{-1}）	进给速度/（mm·r^{-1}）	背吃刀量/mm

任务检查与记录

（1）将夹钳底座零件评分所测结果填入表 2-3-3 中。

表 2-3-3　夹钳底座零件评分表

班组名称			定额时间		总分	
序号	评价项目	评分内容	总和核	评分标准	实测	得分
1	螺纹	M4	10	超差 0.01 扣 5 分		
1	螺纹	M5	10	超差 0.01 扣 1 分		
2	平行度	0.02	10	超差 0.01 扣 1 分		
3	垂直度	0.02	20	超差 0.01 扣 1 分		
4	长宽高	38±0.05	10	超差 0.01 扣 1 分		
4	长宽高	27±0.05	10	超差 0.01 扣 1 分		
4	长宽高	35±0.05	10	超差 0.01 扣 1 分		
5	孔中心距	22	5	超差 0.01 扣 1 分		
5	孔中心距	12.7	5	超差 0.01 扣 1 分		
5	孔中心距	27	5	超差 0.01 扣 1 分		
6	倒角	C1	5	无倒角相应扣分		
7	安全文明生产	安全文明生产的有关规定		违反规定扣总分 1~5 分		

（2）将法兰检测块零件评分所测结果填入表 2-3-4 中。

表 2-3-4　法兰检测块零件评分表

班组名称			定额时间		总分	
序号	评价项目	评分内容	配分	评分标准	实测	得分
1	外轮廓	40±0. 02	10	超差 0. 01 扣 1 分		
		30±0. 02	10	超差 0. 01 扣 1 分		
		20±0. 02	10	超差 0. 01 扣 1 分		
2	孔径	ϕ6H7（两处）	10	超差 0. 01 扣 1 分		
3	孔中心距	$6_{-0.02}^{0}$	10	超差 0. 01 扣 1 分		
4	螺纹	M5（两处）	10	超差 0. 01 扣 1 分		
5	垂直度	0. 02	10	超差 0. 01 扣 1 分		
6	平行度	0. 02	10	超差 0. 01 扣 1 分		
7	粗糙度	*Ra*1. 6	10	总体与量块比对相应扣分		
8	倒角	C2	10	无倒角相应扣分		
9	安全文明生产	安全文明生产的有关规定		违反规定扣总分 1~5 分		

任务评价

根据对零件的加工过程、零件的检测结果、加工过程中存在的问题填写提交夹钳底座和法兰检测块加工项目评价单（表 2-3-5）。

表 2-3-5　夹钳底座和法兰检测块加工项目评价单

任务名称		姓名		班级		
评价项目	考核要求	分值	自评	小组评价	教师评价	得分
应知应会	1. 零件图分析	5				
	2. 制订加工工艺	5				
	3. 工件定位与装夹	5				
	4. 刀具及切削用量的选择	5				
	5. 程序编制	10				

表 2-3-5（续）

评价项目	考核要求	分值	自评	小组评价	教师评价	得分
技能能力	1. 切削参数在加工中是否改动，效果如何	5				
	2. 刀具在对刀及加工使用时有无损坏现象	5				
	3. 设备使用情况，有无调整，效果如何	5				
任务成果	1. 程序的输入及图形仿真	5				
	2. 刀具装夹及对刀	5				
	3. 工件加工及尺寸检验	5				
	4. 设备正常维护	5				
文明生产	1. 正确开、关及使用机床	5				
	2. 工具、量具的正确使用及放置	5				
学习态度	1. 出勤情况及课堂纪律	5				
	2. 团队协作	5				
通用能力	1. 组织沟通能力	5				
	2. 解决问题能力	5				
	3. 自我创新能力	5				

任务二　底板的加工

学习目标

（1）具备使用辅助工具装夹工件的能力。

（2）能用划针对工件进行粗找正。

（3）具备加工中保证工件平行度的能力。

（4）能进行机床的日常保养。

任务书

按照图纸（图 2-3-2）要求完成底板的加工，零件毛坯尺寸为 215×215×25，零件数量各 1 件。

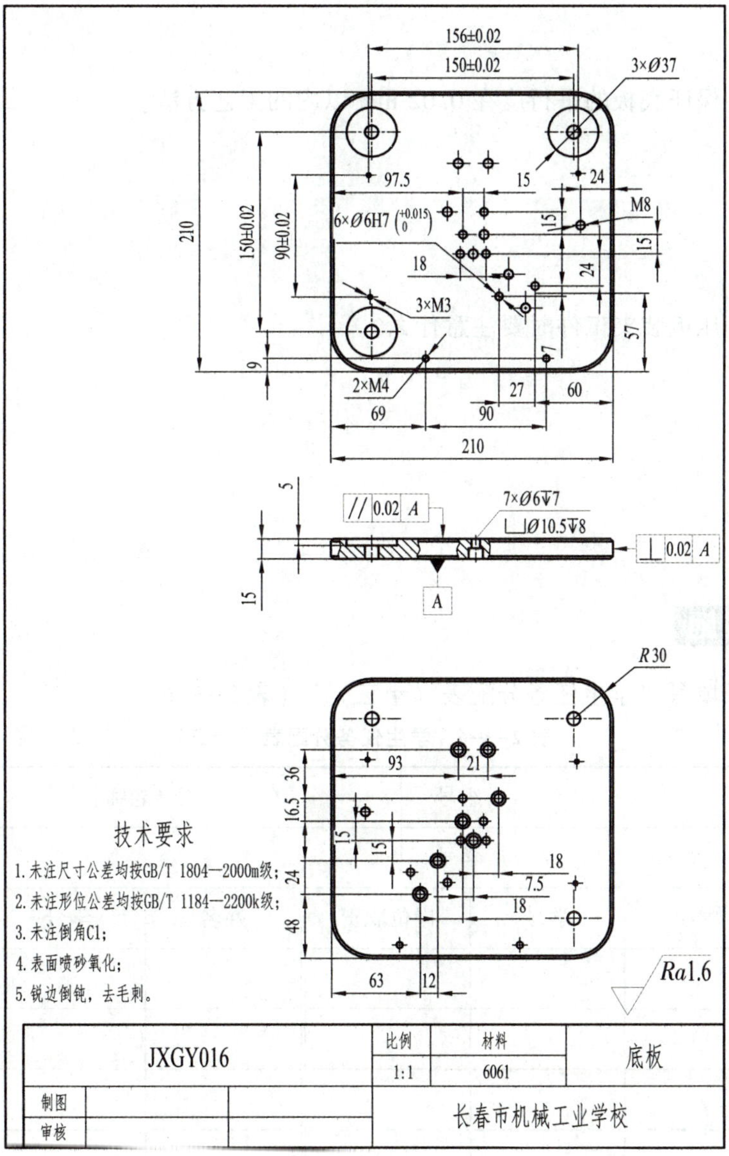

图 2-3-2　底板加工图纸

任务分析与讨论

（1）查阅资料，简述利用划针对工件进行找正的方法。

（2）简述保证底板的平行度在 0.02 mm 以内的工艺方法。

（3）使用压板装夹工件时要注意什么？

分组实施

（1）组长填写“学生任务分配表（十三）”（表 2-3-6）。

表 2-3-6　学生任务分配表（十三）

班级		组号		指导老师		
组长		学号				
组员	姓名	学号	岗位职责	姓名	学号	岗位职责
任务分工						

（2）数控铣床操作工填写“数控加工工序卡（十三）”（表2-3-7）。

表 2-3-7 数控加工工序卡（十三）

单位		机床型号		零件名称		第　页
工序		工序名称		程序编号		备注
工步号	作业内容	刀具号	刀具名称	主轴转速/(r·min^{-1})	进给速度/(mm·r^{-1})	背吃刀量/mm

任务检查与记录

将底板零件评分所测结果填入表 2-3-8 中。

表 2-3-8 底板零件评分表

班组名称			定额时间		总分	
序号	评价项目	评分内容	配分	评分标准	实测	得分
1	外轮廓	210	10	超差 0.01 扣 1 分		
		210	10	超差 0.01 扣 1 分		
2	孔中心距	150±0.02（两处）	10	超差 0.01 扣 1 分		
		90±0.02	10	超差 0.01 扣 1 分		
3	深度	15	10	超差 0.01 扣 1 分		
4	内孔	3× ϕ37	10	超差 0.01 扣 1 分		
		6× ϕ6H7	10	超差 0.01 扣 1 分		
5	螺纹	M8	5	超差 0.01 扣 1 分		
6	平行度	0.02	10	超差 0.01 扣 1 分		
7	垂直度	0.02	10	超差 0.01 扣 1 分		
8	倒角	C1	5	无倒角相应扣分		
9	安全文明生产	安全文明生产的有关规定		违反规定扣总分 1~5 分		

任务评价

根据对零件的加工过程、零件的检测结果、加工过程中存在的问题填写提交底板加工项目评价单（表 2-3-9）。

表 2-3-9　底板加工项目评价单

任务名称		姓名			班级	
评价项目	考核要求	分值	自评	小组评价	教师评价	得分
应知应会	1. 零件图分析	5				
	2. 制订加工工艺	5				
	3. 工件定位与装夹	5				
	4. 刀具及切削用量的选择	5				
	5. 程序编制	10				
技能能力	1. 切削参数在加工中是否改动，效果如何	5				
	2. 刀具在对刀及加工使用时有无损坏现象	5				
	3. 设备使用情况，有无调整，效果如何	5				
任务成果	1. 程序的输入及图形仿真	5				
	2. 刀具装夹及对刀	5				
	3. 工件加工及尺寸检验	5				
	4. 设备正常维护	5				
文明生产	1. 正确开、关及使用机床	5				
	2. 工具、量具的正确使用及放置	5				
学习态度	1. 出勤情况及课堂纪律	5				
	2. 团队协作	5				
通用能力	1. 组织沟通能力	5				
	2. 解决问题能力	5				
	3. 自我创新能力	5				

任务三　限位检测块的加工

学习目标

（1）具备调整切削用量以保证螺纹孔、销孔尺寸精度的能力。

（2）具备型腔类零件的工艺编制能力。

（3）能正确填写加工工序卡片、刀具卡。

（4）能够用 CAM 软件编制限位检测块的加工程序。

（5）能进行机床的日常保养。

任务书

按照图纸（图 2-3-3）要求完成限位检测块的加工，零件毛坯尺寸为 40×35×20，零件数量为 1 件。

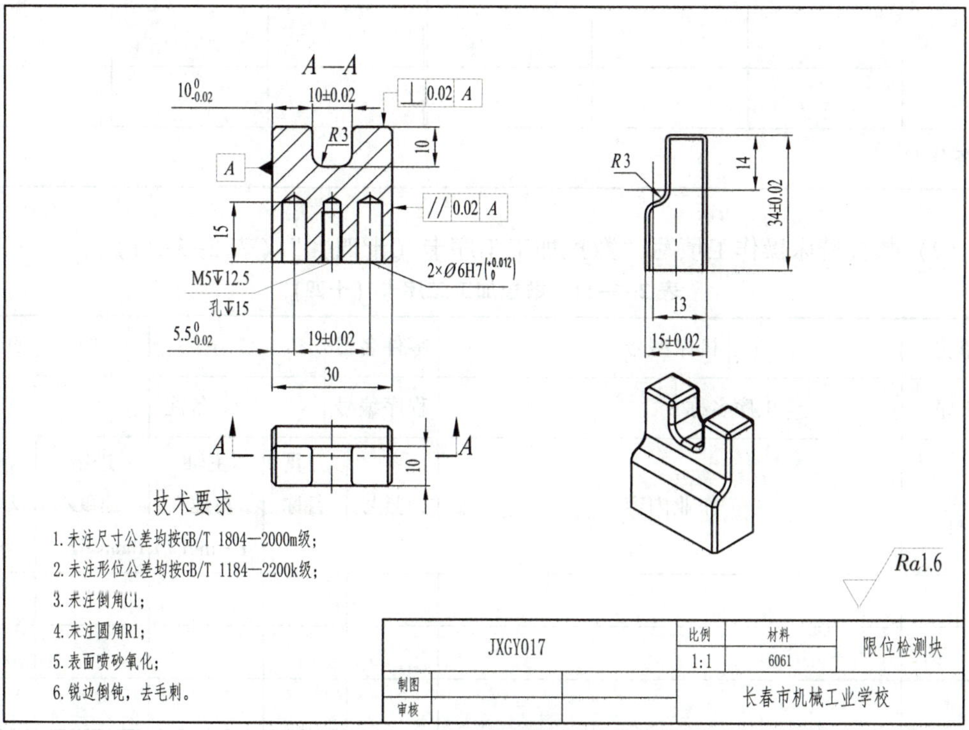

图 2-3-3　限位检测块加工图纸

任务分析与讨论

（1）查阅资料，简述销孔在检具中的作用和安装方法。

（2）避免工件产生夹痕的方法有哪些？

分组实施

（1）组长填写“学生任务分配表（十四）”（表2-3-10）。

表2-3-10　学生任务分配表（十四）

班级		组号		指导老师		
组长		学号				
组员	姓名	学号	岗位职责	姓名	学号	岗位职责
任务分工						

（2）数控铣床操作工填写“数控加工工序卡（十四）”（表2-3-11）。

表2-3-11　数控加工工序卡（十四）

单位		机床型号		零件名称		第　页	
工序		工序名称		程序编号		备注	
工步号	作业内容		刀具号	刀具名称	主轴转速/(r·min^{-1})	进给速度/(mm·r^{-1})	背吃刀量/mm

任务检查与记录

将限位检测块零件评分所测结果填入表 2-3-12 中。

表 2-3-12　限位检测块零件评分表

班组名称			定额时间		总分	
序号	评价项目	评分内容	配分	评分标准	实测	得分
1	外轮廓	15±0.02	10	超差 0.01 扣 1 分		
		34±0.02	10	超差 0.01 扣 1 分		
2	孔中心距	19±0.02	10	超差 0.01 扣 1 分		
3	槽宽	10±0.02	10	超差 0.01 扣 1 分		
4	凸台	$10_{-0.02}^{0}$	10	超差 0.01 扣 1 分		
5	内孔	2× ϕ6H7	10	超差 0.01 扣 1 分		
6	螺纹	M5	10	超差 0.01 扣 1 分		
7	平行度	0.02	10	超差 0.01 扣 1 分		
8	垂直度	0.02	10	超差 0.01 扣 1 分		
9	倒角	C1	10	无倒角相应扣分		
10	安全文明生产	安全文明生产的有关规定		违反规定扣总分 1~5 分		

任务评价

根据对零件的加工过程、零件的检测结果、加工过程中存在的问题填写提交限位检测块加工项目评价单（表 2-3-13）。

表 2-3-13　限位检测块加工项目评价单

任务名称		姓名		班级		
评价项目	考核要求	分值	自评	小组评价	教师评价	得分
应知应会	1. 零件图分析	5				
	2. 制订加工工艺	5				
	3. 工件定位与装夹	5				
	4. 刀具及切削用量的选择	5				
	5. 程序编制	10				

表 2-3-13（续）

评价项目	考核要求	分值	自评	小组评价	教师评价	得分
技能能力	1. 切削参数在加工中是否改动，效果如何	5				
	2. 刀具在对刀及加工使用时有无损坏现象	5				
	3. 设备使用情况，有无调整，效果如何	5				
任务成果	1. 程序的输入及图形仿真	5				
	2. 刀具装夹及对刀	5				
	3. 工件加工及尺寸检验	5				
	4. 设备正常维护	5				
文明生产	1. 正确开、关及使用机床	5				
	2. 工具、量具的正确使用及放置	5				
学习态度	1. 出勤情况及课堂纪律	5				
	2. 团队协作	5				
通用能力	1. 组织沟通能力	5				
	2. 解决问题能力	5				
	3. 自我创新能力	5				

任务四　检具标尺检测块的加工

学习目标

（1）具备曲面程序编制能力及型腔类零件的工艺编制能力。

（2）能用杠杆百分表对工件找正。

(3) 能选用合适规格的球刀加工曲面。

(4) 能正确填写加工工序卡片、刀具卡。

(5) 能进行机床的日常保养。

任务书

按照图纸（图 2-3-4）要求完成检具标尺检测块的加工，零件毛坯尺寸为 60×35×55，零件数量为 1 件。

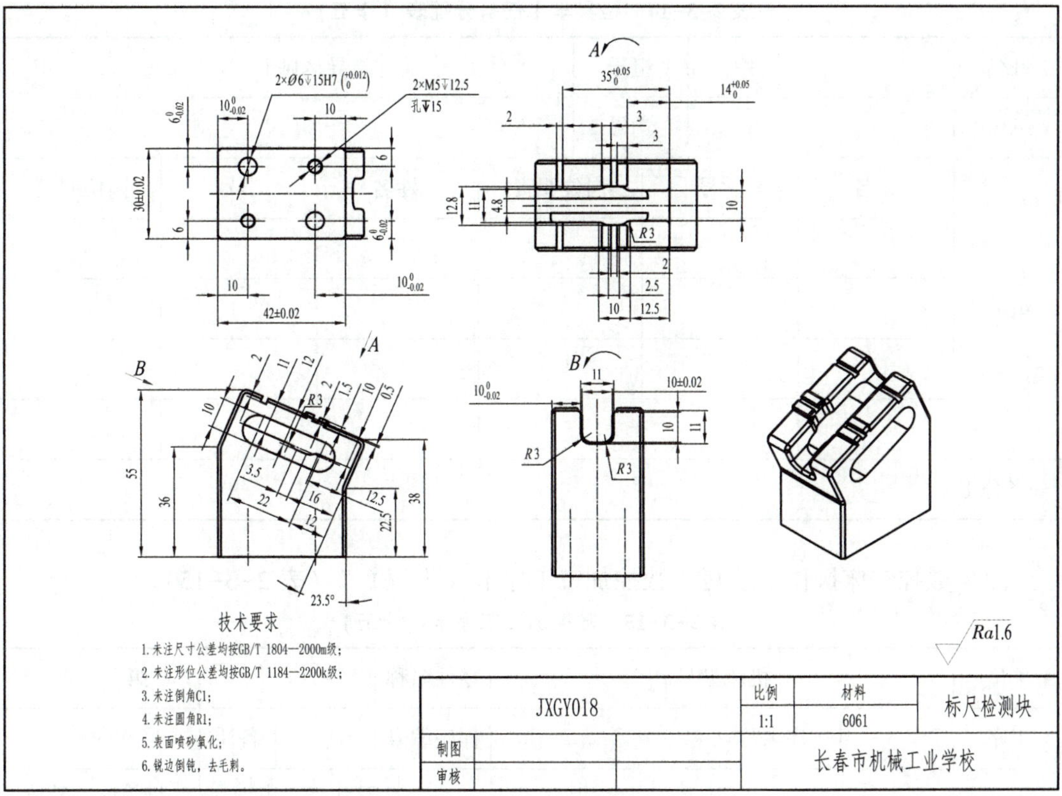

图 2-3-4　检具标尺检测块加工图纸

任务分析与讨论

(1) 讨论什么样的工艺不仅能保证加工质量，而且能提高加工效率？

（2）简述如何用杠杆百分表对工件找正。

分组实施

（1）组长填写“学生任务分配表（十五）”（表 2-3-14）。

表 2-3-14　检具学生任务分配表（十五）

<table>
<tr><td>班级</td><td colspan="2"></td><td>组号</td><td></td><td>指导老师</td><td></td></tr>
<tr><td>组长</td><td colspan="2"></td><td>学号</td><td colspan="3"></td></tr>
<tr><td rowspan="5">组员</td><td>姓名</td><td>学号</td><td>岗位职责</td><td>姓名</td><td>学号</td><td>岗位职责</td></tr>
<tr><td></td><td></td><td></td><td></td><td></td><td></td></tr>
<tr><td></td><td></td><td></td><td></td><td></td><td></td></tr>
<tr><td></td><td></td><td></td><td></td><td></td><td></td></tr>
<tr><td></td><td></td><td></td><td></td><td></td><td></td></tr>
<tr><td>任务分工</td><td colspan="6"></td></tr>
</table>

（2）数控铣床操作工填写“数控加工工序卡（十五）”（表 2-3-15）。

表 2-3-15　数控加工工序卡（十五）

<table>
<tr><td>单位</td><td></td><td>机床型号</td><td></td><td>零件名称</td><td colspan="2"></td><td colspan="2">第　　页</td></tr>
<tr><td>工序</td><td></td><td>工序名称</td><td></td><td>程序编号</td><td></td><td>备注</td><td colspan="2"></td></tr>
<tr><td>工步号</td><td colspan="3">作业内容</td><td>刀具号</td><td>刀具名称</td><td>主轴转速/(r·min⁻¹)</td><td>进给速度/(mm·r⁻¹)</td><td>背吃刀量/mm</td></tr>
<tr><td></td><td colspan="3"></td><td></td><td></td><td></td><td></td><td></td></tr>
<tr><td></td><td colspan="3"></td><td></td><td></td><td></td><td></td><td></td></tr>
<tr><td></td><td colspan="3"></td><td></td><td></td><td></td><td></td><td></td></tr>
<tr><td></td><td colspan="3"></td><td></td><td></td><td></td><td></td><td></td></tr>
<tr><td></td><td colspan="3"></td><td></td><td></td><td></td><td></td><td></td></tr>
</table>

任务检查与记录

将检具标尺检测块零件评分所测结果填入表 2-3-16 中。

表 2-3-16　检具标尺检测块零件评分表

班组名称			定额时间		总分	
序号	评价项目	评分内容	配分	评分标准	实测	得分
1	外轮廓	42±0.02	10	超差 0.01 扣 1 分		
		30±0.02	10	超差 0.01 扣 1 分		
		$35^{+0.05}_{0}$	10	超差 0.01 扣 1 分		
2	内孔	2 × ϕ6H7	20	超差 0.01 扣 1 分		
3	槽宽	10±0.02	10	超差 0.01 扣 1 分		
4	螺纹	2×M5	20	超差 0.01 扣 1 分		
5	粗糙度	*Ra*1.6	10	总体与量块比对相应扣分		
6	倒角	C1	10	无倒角相应扣分		
7	安全文明生产	安全文明生产的有关规定		违反规定扣总分 1~5 分		

任务评价

根据对零件的加工过程、零件的检测结果、加工过程中存在的问题填写提交检具标尺检测块加工项目评价单（表 2-3-17）。

表 2-3-17　检具标尺检测块加工项目评价单

任务名称		姓名			班级	
评价项目	考核要求	分值	自评	小组评价	教师评价	得分
应知应会	1. 零件图分析	5				
	2. 制订加工工艺	5				
	3. 工件定位与装夹	5				
	4. 刀具及切削用量的选择	5				
	5. 程序编制	10				

表 2-3-17（续）

评价项目	考核要求	分值	自评	小组评价	教师评价	得分
技能能力	1. 切削参数在加工中是否改动，效果如何	5				
	2. 刀具在对刀及加工使用时有无损坏现象	5				
	3. 设备使用情况，有无调整，效果如何	5				
任务成果	1. 程序的输入及图形仿真	5				
	2. 刀具装夹及对刀	5				
	3. 工件加工及尺寸检验	5				
	4. 设备正常维护	5				
文明生产	1. 正确开、关及使用机床	5				
	2. 工具、量具的正确使用及放置	5				
学习态度	1. 出勤情况及课堂纪律	5				
	2. 团队协作	5				
通用能力	1. 组织沟通能力	5				
	2. 解决问题能力	5				
	3. 自我创新能力	5				

项目四

考证样题的加工

项目描述

“1+X”数控车铣加工职业技能等级证书考试主要面向高端装备制造产业，汽车制造业，铁路、船舶、航空航天和其他运输设备制造业，通用设备制造业，专用设备制造业，仪器仪表制造业，电气机械和器材制造业，计算机、通信和其他电子设备制造业等企业的数控机床操作、工艺编制、程序编写、维护保养、检验检测等相关的工作岗位（群），从事数控机床操作、数控机床编程、加工工艺文件编制、产品检验、生产管理及培训指导等工作。本项目包含数控车铣加工职业技能等级证书初级和中级的模拟题。

任务一　端盖初级样题的加工

学习目标

（1）掌握“1+X”数控车铣加工职业技能初级证书的考点。

（2）掌握尺寸精度的控制方法。

（3）正确填写加工工序卡片、刀具卡。

（4）能进行机床的日常保养。

任务书

按照图纸（图 2-4-1）要求完成端盖初级样题的加工，零件毛坯尺寸为 80×80×30，零件数量为 1 件。

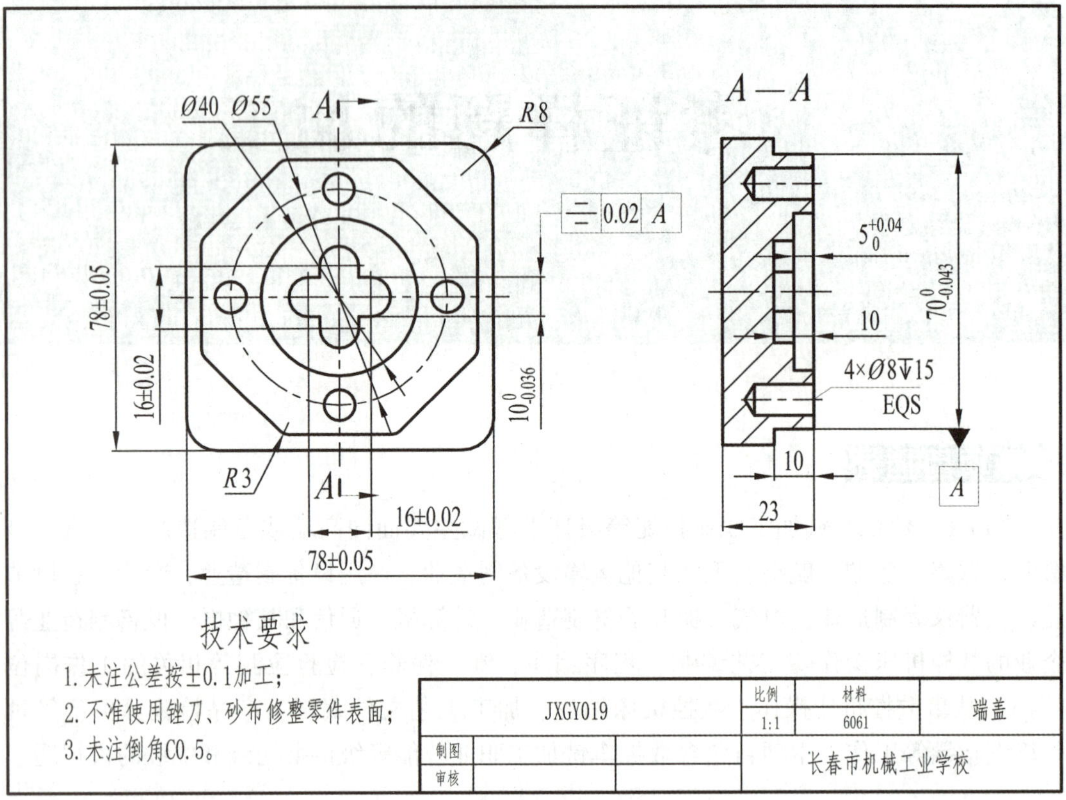

图 2-4-1　端盖初级样题加工图纸

任务分析与讨论

（1）如何控制工件尺寸精度？

（2）操作数控铣床时有哪些注意事项？

分组实施

(1) 组长填写“学生任务分配表（十六）”（表2-4-1）。

表 2-4-1　学生任务分配表（十六）

班级			组号		指导老师	
组长			学号			
组员	姓名	学号	岗位职责	姓名	学号	岗位职责
任务分工						

(2) 数控铣床操作工填写“数控加工工序卡（十六）”（表2-4-2）。

表 2-4-2　数控加工工序卡（十六）

单位		机床型号		零件名称		第　页
工序		工序名称		程序编号		备注
工步号	作业内容	刀具号	刀具名称	主轴转速/(r·min^{-1})	进给速度/(mm·r^{-1})	背吃刀量/mm

任务检查与记录

将端盖初级样题零件评分所测结果填入表 2-4-3 中。

表 2-4-3　端盖初级样题零件评分表

班组名称		定额时间		总分	
序号	评价项目	评分内容	配分	评分标准	实测	得分
1	深度	$5^{+0.04}_{0}$	15	超差 0.01 扣 1 分		
2	内槽宽	$10^{0}_{-0.036}$	15	超差 0.01 扣 1 分		
3	孔	$\phi8$(4 处)	20	超差 0.01 扣 1 分		
4	外轮廓	$70^{0}_{-0.043}$	10	超差 0.01 扣 1 分		
5		78±0.05（两处）	20	超差 0.01 扣 1 分		
6	对称度	0.02	10	超差 0.01 扣 1 分		
7	倒角	C0.5	10	无倒角相应扣分		
8	安全文明生产	安全文明生产的有关规定		违反规定扣总分 1~5 分		

任务评价

根据对零件的加工过程、零件的检测结果、加工过程中存在的问题填写提交端盖初级样题加工项目评价单（表 2-4-4）。

表 2-4-4　端盖初级样题加工项目评价单

任务名称		姓名			班级	
评价项目	考核要求	分值	自评	小组评价	教师评价	得分
应知应会	1. 零件图分析	5				
	2. 制订加工工艺	5				
	3. 工件定位与装夹	5				
	4. 刀具及切削用量的选择	5				
	5. 程序编制	10				

表 2-4-4（续）

评价项目	考核要求	分值	自评	小组评价	教师评价	得分
技能能力	1. 切削参数在加工中是否改动，效果如何	5				
	2. 刀具在对刀及加工使用时有无损坏现象	5				
	3. 设备使用情况，有无调整，效果如何	5				
任务成果	1. 程序的输入及图形仿真	5				
	2. 刀具装夹及对刀	5				
	3. 工件加工及尺寸检验	5				
	4. 设备正常维护	5				
文明生产	1. 正确开、关及使用机床	5				
	2. 工具、量具的正确使用及放置	5				
学习态度	1. 出勤情况及课堂纪律	5				
	2. 团队协作	5				
通用能力	1. 组织沟通能力	5				
	2. 解决问题能力	5				
	3. 自我创新能力	5				

任务二　端盖中级样题的加工

学习目标

（1）能正确使用相关量具和操作机床。

（2）能正确填写加工工序卡片、刀具卡。

（3）能进行机床的日常保养。

任务书

按照图纸（图 2-4-2）要求完成端盖中级样题的加工，零件毛坯为 80×40×30，零件数量为 1 件。

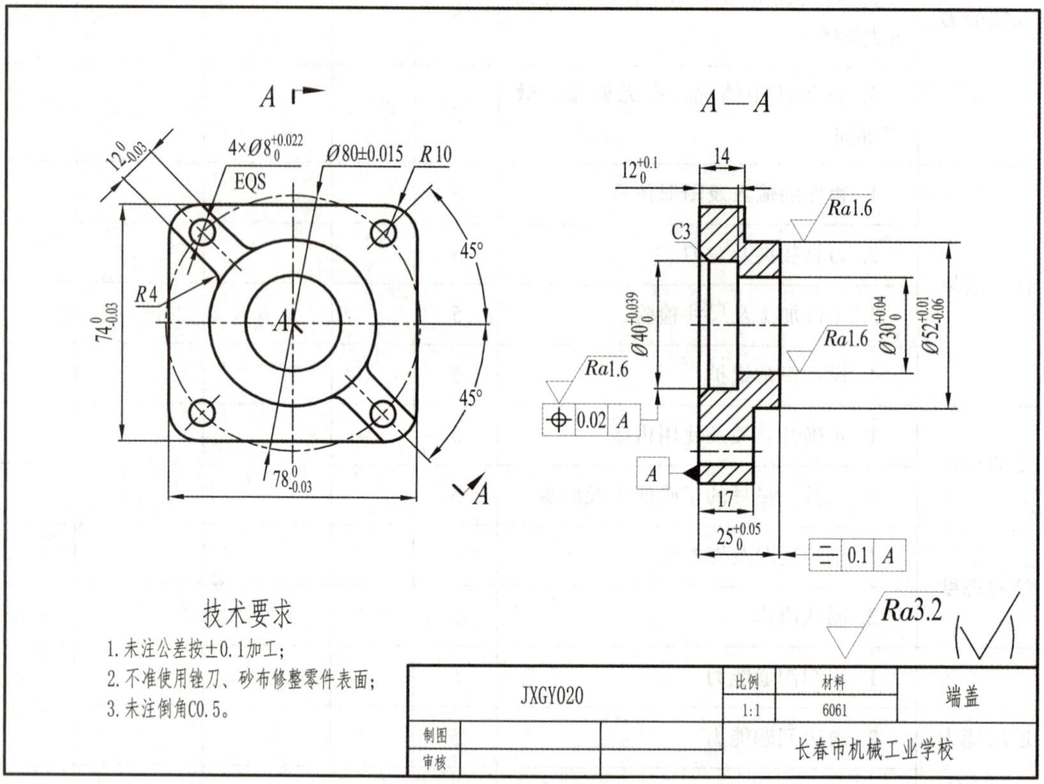

图 2-4-2　端盖中级样题加工图纸

任务分析与讨论

（1）简要描述用表分中的方法。

（2）使用盘刀时的注意事项有哪些？

分组实施

（1）组长填写“学生任务分配表（十七）”（表 2-4-5）。

表 2-4-5　学生任务分配表（十七）

班级		组号		指导老师		
组长		学号				
组员	姓名	学号	岗位职责	姓名	学号	岗位职责
任务分工						

（2）数控铣床操作工填写“数控加工工序卡（十七）”（表 2-4-6）。

表 2-4-6　数控加工工序卡（十七）

单位		机床型号		零件名称		第　　页
工序		工序名称		程序编号		备注
工步号	作业内容	刀具号	刀具名称	主轴转速/($r \cdot min^{-1}$)	进给速度/($mm \cdot r^{-1}$)	背吃刀量/mm

任务检查与记录

将端盖中级样题零件评分所测结果填入表 2-4-7 中。

表 2-4-7　端盖中级样题零件评分表

班组名称			定额时间		总分	
序号	评价项目	评分内容	配分	评分标准	实测	得分
1	深度	$25^{+0.05}_{0}$	10	超差 0.01 扣 1 分		
		$12^{+0.1}_{0}$	10	超差 0.01 扣 1 分		
2	外圆	$\phi52^{+0.01}_{-0.06}$	5	超差 0.01 扣 5 分		
3	孔径	$\phi8^{+0.022}_{0}$（四处）	10	超差 0.01 扣 1 分		
4	圆直径	$\phi80\pm0.015$	5	超差 0.01 扣 1 分		
5	凸台宽度	$12^{0}_{-0.03}$	10	超差 0.01 扣 1 分		
6	内孔	$\phi30^{+0.04}_{0}$	10	超差 0.01 扣 1 分		
		$\phi40^{+0.039}_{0}$	10	超差 0.01 扣 1 分		
7	外轮廓	$74^{0}_{-0.03}$	10	超差 0.01 扣 1 分		
		$78^{0}_{-0.03}$	10	超差 0.01 扣 1 分		
8	粗糙度	$Ra3.2$	5	总体与量块比对相应扣分		
9	倒角	C0.5	5	无倒角相应扣分		
10	安全文明生产	安全文明生产的有关规定		违反规定扣总分 1~5 分		

任务评价

根据对零件的加工过程、零件的检测结果、加工过程中存在的问题填写提交端盖中级样题加工项目评价单（表 2-4-8）。

表 2-4-8 端盖中级样题加工项目评价单

任务名称		姓名			班级	
评价项目	考核要求	分值	自评	小组评价	教师评价	得分
应知应会	1. 零件图分析	5				
	2. 制订加工工艺	5				
	3. 工件定位与装夹	5				
	4. 刀具及切削用量的选择	5				
	5. 程序编制	10				
技能能力	1. 切削参数在加工中是否改动，效果如何	5				
	2. 刀具在对刀及加工使用时有无损坏现象	5				
	3. 设备使用情况，有无调整，效果如何	5				
任务成果	1. 程序的输入及图形仿真	5				
	2. 刀具装夹及对刀	5				
	3. 工件加工及尺寸检验	5				
	4. 设备正常维护	5				
文明生产	1. 正确开、关及使用机床	5				
	2. 工具、量具的正确使用及放置	5				
学习态度	1. 出勤情况及课堂纪律	5				
	2. 团队协作	5				
通用能力	1. 组织沟通能力	5				
	2. 解决问题能力	5				
	3. 自我创新能力	5				

任务三　考证模拟题的加工

学习目标

（1）能够正确识读零件图。

（2）掌握深孔的加工方法。

（3）掌握检测工件精度的方法。

任务书

按照图纸（图 2-4-3）要求完成考证模拟题的加工，零件毛坯尺寸为 80×80×35，零件数量为 1 件。

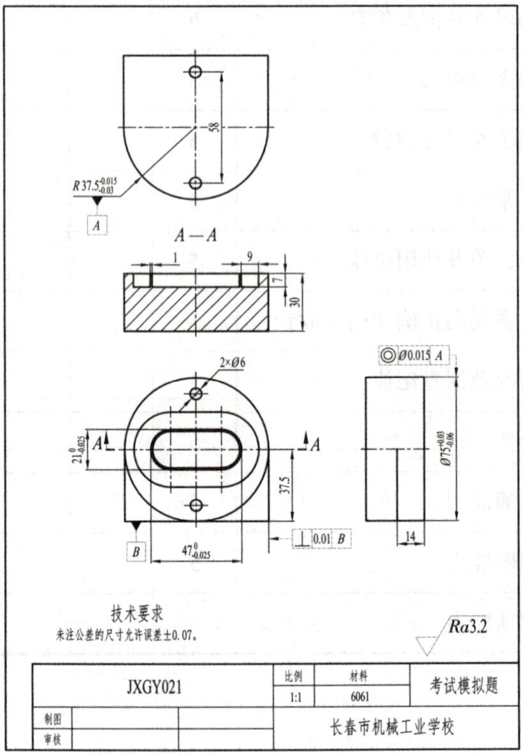

图 2-4-3　考证模拟题加工图纸

任务分析与讨论

（1）如何保证图纸（图 2-4-3）要求的同轴度为 0.015 mm？

（2）ϕ6 通孔选择哪个钻孔循环指令？原因是什么？

（3）加工此零件是否需要先规方？如果不规方，加工步骤是什么？

分组实施

（1）组长填写“学生任务分配表（十八）”（表 2-4-9）。

表 2-4-9　学生任务分配表（十八）

<table>
<tr><td>班级</td><td colspan="2"></td><td>组号</td><td colspan="2"></td><td>指导老师</td></tr>
<tr><td>组长</td><td colspan="2"></td><td>学号</td><td colspan="3"></td></tr>
<tr><td rowspan="5">组员</td><td>姓名</td><td>学号</td><td>岗位职责</td><td>姓名</td><td>学号</td><td>岗位职责</td></tr>
<tr><td></td><td></td><td></td><td></td><td></td><td></td></tr>
<tr><td></td><td></td><td></td><td></td><td></td><td></td></tr>
<tr><td></td><td></td><td></td><td></td><td></td><td></td></tr>
<tr><td></td><td></td><td></td><td></td><td></td><td></td></tr>
<tr><td>任务分工</td><td colspan="6"></td></tr>
</table>

（2）数控铣床操作工填写“数控加工工序卡（十八）”（表 2-4-10）。

表 2-4-10　数控加工工序卡（十八）

单位		机床型号		零件名称		第　页
工序	工序名称		程序编号		备注	
工步号	作业内容	刀具号	刀具名称	主轴转速/($r \cdot min^{-1}$)	进给速度/($mm \cdot r^{-1}$)	背吃刀量/mm

任务检查与记录

将考证模拟题零件评分所测结果填入表 2-4-11 中。

表 2-4-11　考证模拟题零件评分表

班组名称			定额时间		总分	
序号	评价项目	评分内容	配分	评分标准	实测	得分
1	外轮廓	$\phi75^{+0.03}_{-0.06}$	15	超差 0.01 扣 1 分		
		$21^{0}_{-0.025}$	15	超差 0.01 扣 1 分		
		$47^{0}_{-0.025}$	15	超差 0.01 扣 1 分		
2	孔	2× $\phi6$	15	超差 0.01 扣 1 分		
3	垂直度	0.01	10	超差 0.01 扣 1 分		
4	同轴度	$\phi0.015$	10	超差 0.005 扣 1 分		
5	粗糙度	$Ra3.2$	10	总体与量块比对相应扣分		
6	倒角	C0.5	10	无倒角相应扣分		
7	安全文明生产	安全文明生产的有关规定		违反规定扣总分 1~5 分		

任务评价

根据对零件的加工过程、零件的检测结果、加工过程中存在的问题填写提交考试模拟题加工项目评价单（表 2-4-12）。

表 2-4-12　考试模拟题加工项目评价单

任务名称		姓名		班级		
评价项目	考核要求	分值	自评	小组评价	教师评价	得分
应知应会	1. 零件图分析	5				
	2. 制订加工工艺	5				
	3. 工件定位与装夹	5				
	4. 刀具及切削用量的选择	5				
	5. 程序编制	10				
技能能力	1. 切削参数在加工中是否改动，效果如何	5				
	2. 刀具在对刀及加工使用时有无损坏现象	5				
	3. 设备使用情况，有无调整，效果如何	5				
任务成果	1. 程序的输入及图形仿真	5				
	2. 刀具装夹及对刀	5				
	3. 工件加工及尺寸检验	5				
	4. 设备正常维护	5				
文明生产	1. 正确开、关及使用机床	5				
	2. 工具、量具的正确使用及放置	5				
学习态度	1. 出勤情况及课堂纪律	5				
	2. 团队协作	5				
通用能力	1. 组织沟通能力	5				
	2. 解决问题能力	5				
	3. 自我创新能力	5				

参考文献

［1］ 于万成. 数控铣削（加工中心）加工技术与综合实训：FANUC 系统［M］. 北京：机械工业出版社，2015.

［2］ 郎一民. 数控铣削（加工中心）加工技术与综合实训：华中、SIEMENS 系统［M］. 北京：机械工业出版社，2015.

［3］ 李国会. 数控加工工艺基础［M］. 长春：东北师范大学出版社，2008.

新形态教材

上册

大学生体育与健康教程

（第2版）

主　编　张瑞瑛　戴东辉　石　磊
副主编　张建社　王　南

掌握体育技能　塑造健康体魄

精讲视频　体育干货，掌握要点促健康。

配套题库　在线刷题，轻松复习不挂科。

东北大学出版社
·沈　阳·

图书在版编目（CIP）数据

大学生体育与健康教程. 上册 / 张瑞瑛，戴东辉，石磊主编. -- 2 版. -- 沈阳 ：东北大学出版社，2024. 7. --ISBN 978-7-5517-3608-4

Ⅰ. G807. 4；G647. 9

中国国家版本馆 CIP 数据核字第 2024B4B088 号

出 版 者：东北大学出版社
地址：沈阳市和平区文化路三号巷 11 号
邮编：110819
电话：024-83683655（总编室）
024-83687331（营销部）
网址：http://press.neu.edu.cn
印 刷 者：辽宁一诺广告印务有限公司
发 行 者：东北大学出版社
幅面尺寸：185 mm×260 mm
印　　张：25
字　　数：650 千字
出版时间：2024 年 7 月第 2 版
印刷时间：2024 年 7 月第 1 次印刷
印　　数：1—10000 册
责任编辑：向　阳
责任校对：白松艳
责任出版：初　茗
封面设计：潘正一

ISBN 978-7-5517-3608-4　　　定　价：60. 00 元